Klassische Mechanik mit Concept-Maps

Michael Wick

Klassische Mechanik mit Concept-Maps

Strukturiert durch die Theoretische Physik I

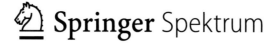

Michael Wick
Fakultät Angewandte Naturwissenschaften
Hochschule Coburg
Coburg, Deutschland

Ergänzendes Material zu diesem Buch finden Sie auf https://www.hs-coburg.de/wick

ISBN 978-3-662-62543-9   ISBN 978-3-662-62544-6   (eBook)
https://doi.org/10.1007/978-3-662-62544-6

Die Deutsche Nationalbibliothek verzeichnet diese Publikation in der Deutschen Nationalbibliografie; detaillierte
bibliografische Daten sind im Internet über http://dnb.d-nb.de abrufbar.

Planung/Lektorat: Lisa Edelhäuser
Springer Spektrum ist ein Imprint der eingetragenen Gesellschaft Springer-Verlag GmbH, DE und ist ein Teil von
Springer Nature.
Die Anschrift der Gesellschaft ist: Heidelberger Platz 3, 14197 Berlin, Germany

Vorwort

Theoretische Physik und Concept-Maps?

Viele Lehrbücher der theoretischen Physik sind von einer wesentlichen Einschränkung des klassischen Buchdrucks geprägt: Formeln und Text werden durchmischt in linearer Abfolge präsentiert. Jedoch sind insbesondere Herleitungen in der theoretischen Physik für eine solche Darstellung oft ungeeignet, weil deren Struktur meist baumförmig ist: Eine physikalische Herleitung besteht im Kern aus einer Reihe von Einzelschritten, wie Gleichung A, kombiniert mit Gleichung B, ergibt Gleichung C. In der Praxis führt die konventionelle Darstellung dazu, dass Herleitungen über mehrere Buchseiten verteilt und durch Formelnummerierung verbunden sind. So gehen leicht die Übersicht und die Wahrnehmung von Analogien verloren.

Dieses Lehrbuch soll der nichtlinearen Struktur der Herleitungen und auch der visuellen Wahrnehmung der Studierenden besser gerecht werden, indem die Idee der Concept-Maps auf mathematische Zusammenhänge erweitert wird. Eine Concept-Map ist die Visualisierung von Begriffen (*concepts*) und deren Zusammenhängen in Form einer Karte (*map*). Durch diesen strukturierten, grafischen Aufbau werden die wesentlichen Schritte der Herleitung auf einen Blick sichtbar und prägen sich so gut ein.

Aufbau

Der Inhalt orientiert sich am Umfang einer einsemestrigen Vorlesung zur klassischen Mechanik und umfasst folgende Themenblöcke:

- Newton-Formalismus
- Mehrteilchensysteme
- Starre Körper
- Lagrange-Formalismus
- Hamilton-Formalismus
- Schwingungen
- Gravitation
- Mathematische Grundlagen

In der vorliegenden Fassung werden folgende Themen nicht behandelt: spezielle und allgemeine Relativitätstheorie sowie Chaos.

Literaturhinweise

Diese Buch eignet sich als Ergänzung zur Vorlesung oder zu klassischen Lehrbüchern, wie zum Beispiel:

- Torsten Fließbach: Mechanik – Lehrbuch zur Theoretischen Physik I, 8. Aufl.
- Wolfgang Nolting: Grundkurs Theoretische Physik 2, Analytische Mechanik, 10. Aufl.
- Herbert Goldstein, Charles P. Poole, John L. Safko: Klassische Mechanik, 3. Aufl.

Dank

- Für Feedback, Ermutigung und Korrekturen an verschiedenen Stadien dieses Projekts bedanke ich mich bei Enrique Molina Munoz, Cristina Alvarez Diez, Conrad Wolf, Wolfram Haupt, Klaus Drese, Lennart Dabelow, Inga Emmerling und Marco Bevilacqua.
- Ich bedanke mich herzlich bei Lisa Edelhäuser und Bianca Alton vom Verlag Springer Spektrum für die sehr engagierte Begleitung unseres zweiten gemeinsamen Projekts. Ich freue mich schon auf die nächste Zusammenarbeit.
- Großer Dank geht an Regine Zimmerschied für das sorgfältige Copy-Editing des Manuskripts.

Feedback und Zusatzmaterial

Feedback zu diesem Buch ist ausdrücklich willkommen. Meine Kontaktdaten finden Sie auf meiner Homepage:

https://www.hs-coburg.de/wick

Dort finden Sie auch Zusatzmaterial wie ausgewählte, leere Concept-Maps zum Selbstausfüllen und Hilfestellungen für die Aufgaben.

Coburg, Dezember 2020

Michael Wick

Benvenuta Camilla!

Inhaltsverzeichnis

Gebrauchsanleitung

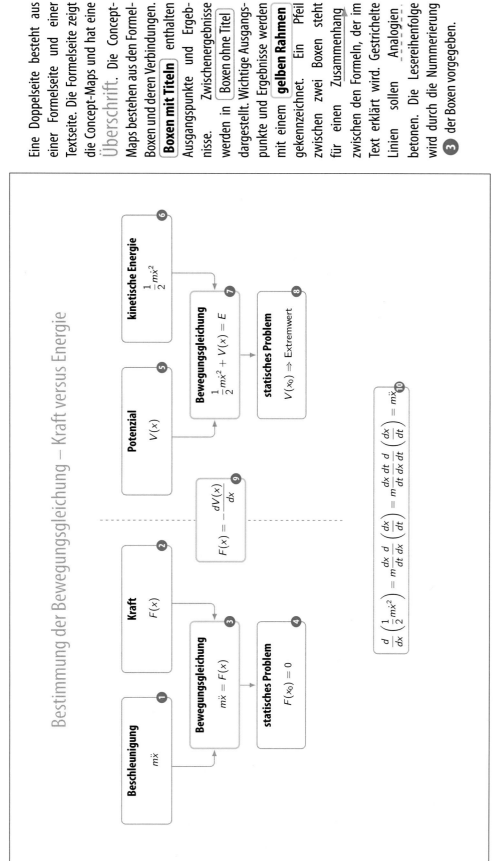

Bestimmung der Bewegungsgleichung – Kraft versus Energie

Eine Doppelseite besteht aus einer Formelseite und einer Textseite. Die Formelseite zeigt die Concept-Maps und hat eine Überschrift. Die Concept-Maps bestehen aus den Formel-Boxen und deren Verbindungen. Boxen mit Titeln enthalten Ausgangspunkte und Ergebnisse. Zwischenergebnisse werden in Boxen ohne Titel dargestellt. Wichtige Ausgangspunkte und Ergebnisse werden mit einem gelben Rahmen gekennzeichnet. Ein Pfeil zwischen zwei Boxen steht für einen Zusammenhang zwischen den Formeln, der im Text erklärt wird. Gestrichelte Linien sollen Analogien betonen. Die Lesereihenfolge wird durch die Nummerierung ③ der Boxen vorgegeben.

Die Bahnkurve eines Teilchens unter dem Einfluss eines konservativen, zeitunabhängigen Kraftfelds kann sowohl aus der Newtonschen Bewegungsgleichung als auch der Energieerhaltung bestimmt werden. Wir zeigen an dem Beispiel eines Teilchens in einer Raumdimension, dass die beiden Ansätze vollkommen äquivalent sind.

①②③ Die Newton-Gleichung setzt das Produkt aus Masse m und Beschleunigung $\ddot{x}$ eines Teilchens gleich mit der Kraft F, die auf das Teilchen wirkt. Die Lösung dieser Differenzialgleichung zweiter Ordnung führt zusammen mit zwei Anfangsbedingungen zur Bahnkurve $x(t)$.

④ Daraus folgt insbesondere, dass ein ruhendes Teilchen an der Stelle x_0 in Ruhe verharrt, wenn dort die Kraft verschwindet.

⑤⑥⑦ Die Energieerhaltung setzt die Summe aus kinetischer Energie eines Teilchens und dem Potenzial V, in dem es sich befindet, gleich mit der konstanten Energie E. Die Lösung dieser Differenzialgleichung erster Ordnung führt zusammen mit nur einer Anfangsbedingung zur Bahnkurve.

⑧ Ein ruhendes Teilchen an der Stelle x_0 bleibt in Ruhe, wenn das Potenzial dort ein lokales Minimum oder Maximum hat.

⑨⑩ Weil die konservative Kraft der negative Gradient des Potenzials ist, sind beide Differenzialgleichungen äquivalent und können so je nach Aufgabenstellung benutzt werden. ✎

Beispiel:

Als Beispiel betrachten wir den harmonischen Oszillator in einer Dimension. Die Kraft F ist hier proportional und entgegengesetzt zur Auslenkung x aus der Ruhelage: $F(x) = -kx$. Die Proportionalitätskonstante ist die Federkonstante k. Die Newton-Gleichung lautet: ✎

$$m\ddot{x} + kx = 0$$

Die allgemeine Lösung kann als Sinus dargestellt werden:

$$x(t) = A\sin(\omega t + \phi)$$

Hier sind ϕ und A Konstanten, die durch die Anfangsbedingungen bestimmt sind, und $\omega = \sqrt{k/m}$ ist die Oszillationswinkelgeschwindigkeit. Für den harmonischen Oszillator ist das Potenzial proportional zum Quadrat der Auslenkung, $V(x) = kx^2/2$. Damit ergibt sich für die Energiebewegungsgleichung:

$$\frac{1}{2}m\dot{x}^2 + \frac{1}{2}kx^2 = E$$

Auch sie hat die obige Funktion $x(t)$ als Lösung, wie wir durch Einsetzen der Funktion und Anwenden der trigonometrischen Identität $\sin^2(\alpha) + \cos^2(\alpha) = 1$ beweisen, ✎

$$\frac{1}{2}A^2\left(k\sin^2(\omega t + \phi) + m\omega^2\cos^2(\omega t + \phi)\right) = E,$$

hier jedoch nur mit einer freien Konstante ϕ, weil A durch die Energie E bestimmt ist:

$$A = \sqrt{\frac{2E}{k}}$$

Die Textseite enthält die Erklärungen zur Formelseite. Der erste Absatz gibt einen Überblick über das Thema der Doppelseite. Die Nummerierung ③ der Formelseite wird hier aufgegriffen und der Inhalt der Box erklärt. Manche Textseiten enthalten **Beispiele**, Anmerkungen oder Diagramme, die das Thema vertiefen. Ein Bleistiftsymbol ✎ weist auf kleinere mathematische Zwischenschritte hin, die die Leserin oder der Leser als Übung in weniger als fünf Minuten selbst nachrechnen kann.

Liste der verwendeten Formelzeichen

m Masse eines Körpers

$\vec{x}$ Positionsvektor eines Teilchens

$\vec{x}_i$ Positionsvektor des i-ten Teilchens eines Systems

$\dot{A}$ einfache Zeitableitung der Größe A

$\ddot{A}$ zweifache Zeitableitung der Größe A

$\vec{p}$ Impulsvektor

$\vec{F}$ Kraftvektor

$\vec{L}$ Drehimpulsvektor

$\vec{\omega}$ Winkelgeschwindigkeitsvektor

$\ominus$ Trägheitstensor

J Trägheitsmoment

E Gesamtenergie

H Hamilton-Funktion

S Wirkung

L Lagrange-Funktion

T kinetische Energie

V Potenzial

G Gravitationskonstante

$\vec{\nabla} \times \vec{A}$ Rotation des Vektorfelds $\vec{A}$

$\vec{\nabla} \cdot \vec{A}$ Divergenz des Vektorfelds $\vec{A}$

$\vec{\nabla} \phi$ Gradient des Skalarfelds ϕ

$\nabla^2 \phi$ Laplace-Operator des Skalarfelds ϕ

$\mathbf{1}$ Einheitsmatrix in drei Dimensionen

$\cdot$ Skalarprodukt

$\times$ Vektorprodukt

$\otimes$ Tensorprodukt

Kapitel 1
Newton-Formalismus

© Springer-Verlag GmbH Deutschland, ein Teil von Springer Nature 2021
M. Wick, *Klassische Mechanik mit Concept-Maps*,
https://doi.org/10.1007/978-3-662-62544-6_1

Raum und Zeit

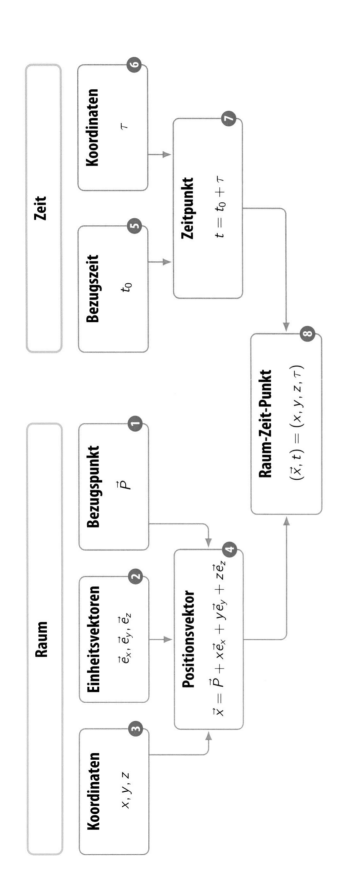

Die Raum–Zeit bildet den Rahmen der Newtonschen Mechanik. Zur Beschreibung der Position und des Zeitpunkts von Ereignissen in der Raum–Zeit müssen wir ein Bezugssystem einführen.

①② Ein Bezugssystem im dreidimensionalen Raum besteht aus einem Koordinatensystem mit drei Einheitsvektoren, $\vec{e}_x$, $\vec{e}_y$, $\vec{e}_z$, und einem Bezugspunkt $\vec{P}$.

③④ Damit ist ein Punkt $\vec{x}$ im Raum durch die Angabe von drei Koordinaten, x, y und z, eindeutig spezifiziert.

⑤⑥⑦ Analog zum Raum kann auch für die Zeit ein Bezugssystem definiert werden, in dem ein Zeitpunkt t eindeutig festgelegt ist. Es besteht aus einer Bezugszeit t_0, relativ zu der die Zeitkoordinate τ angegeben wird. Weil die Zeit nur eine Dimension hat, sind hier keine Einheitsvektoren nötig.

⑧ In diesem Bezugssystem kann ein Ereignis am Raumpunkt $\vec{x}$ und zum Zeitpunkt t eindeutig durch die Angaben der vier Raum–Zeit-Koordinaten x, y, z und τ beschrieben werden. In den folgenden Ableitungen in diesem Buch ist eine strikte Unterscheidung von t und τ unnötig; deshalb werden wir das Symbol t benutzen.

Hinweis:

In der Newtonschen Mechanik sind Raum und Zeit absolut. Absolut heißt hier, dass Raum und Zeit nicht von der Bewegung des Beobachters oder von den beobachteten Objekten abhängen. Diese Annahmen werden in der speziellen bzw. allgemeinen Relativitätstheorie fallengelassen.

Teilchen und Bahnkurve

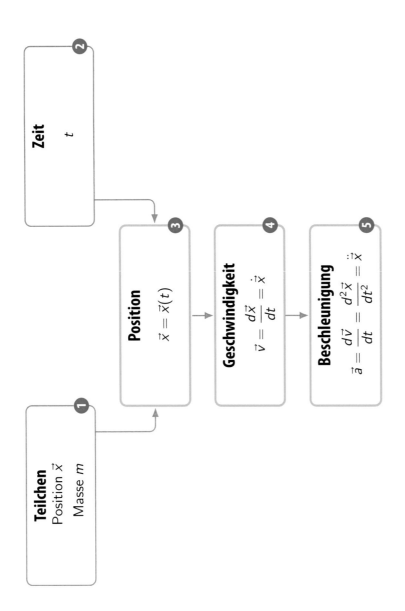

Teilchen
Position $\vec{x}$
Masse m

Zeit
t

Position
$\vec{x} = \vec{x}(t)$

Geschwindigkeit
$\vec{v} = \dfrac{d\vec{x}}{dt} = \dot{\vec{x}}$

Beschleunigung
$\vec{a} = \dfrac{d\vec{v}}{dt} = \dfrac{d^2\vec{x}}{dt^2} = \ddot{\vec{x}}$

Ein Teilchen, auch oft als Massenpunkt bezeichnet, ist eine zentrale Idealisierung in der theoretischen Physik und der einfachste denkbare Körper. Die Beschreibung der zeitlichen Änderung seiner Position führt auf fundamentale Größen der Mechanik wie Geschwindigkeit und Beschleunigung.

1 Ein Teilchen hat keine räumliche Ausdehnung und ist damit vollständig durch die Angabe seines Positionsvektors $\vec{x}$ und seiner Masse m bestimmt.

2 Die Bahnkurve $\vec{x}(t)$ eines Teilchens ist seine Position als Funktion der Zeit t.

3 Aus der Bahnkurve ergibt sich durch Ableitung nach der Zeit der Vektor der Geschwindigkeit $\vec{v}$.

4 Aus der Geschwindigkeit ergibt sich durch eine weitere Ableitung nach der Zeit der Vektor der Beschleunigung $\vec{a}$. Wir nutzen in diesem Buch, wenn sinnvoll, die Punktnotation für die zeitliche Ableitung: Ein Punkt über einem Symbol steht für eine einfache zeitliche Ableitung, und zwei Punkte stehen für eine zweifache zeitliche Ableitung.

Beispiel:

Als Beispiel betrachten wir eine parabelförmige Bahnkurve in der xz-Ebene in kartesischen Koordinaten:

$$\vec{x} = \begin{pmatrix} x \\ y \\ z \end{pmatrix} = \begin{pmatrix} v_x t \\ 0 \\ v_z t + at^2/2 \end{pmatrix}$$

Durch komponentenweise Ableitung nach der Zeit ergeben sich die Geschwindigkeit

$$\vec{v} = \begin{pmatrix} v_x \\ 0 \\ v_z + at \end{pmatrix}$$

und die Beschleunigung

$$\vec{a} = \begin{pmatrix} 0 \\ 0 \\ a \end{pmatrix}.$$

So ergibt sich auch, dass die Parameter v_x und v_z den Geschwindigkeitskomponenten zum Zeitpunkt $t = 0$ entsprechen.

Newton-Gleichung

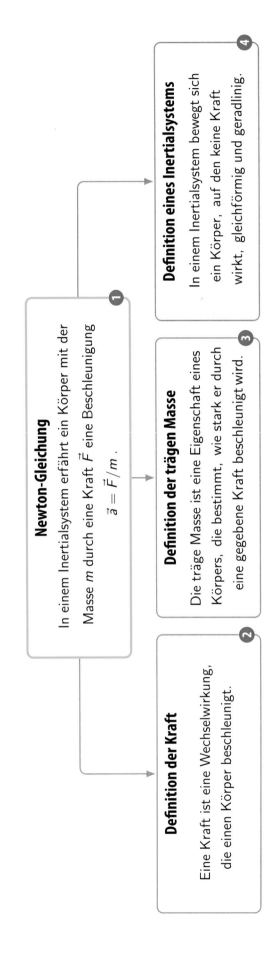

Newton-Gleichung

In einem Inertialsystem erfährt ein Körper mit der Masse m durch eine Kraft $\vec{F}$ eine Beschleunigung

$$\vec{a} = \vec{F}/m.$$

1

Definition der Kraft

Eine Kraft ist eine Wechselwirkung, die einen Körper beschleunigt.

2

Definition der trägen Masse

Die träge Masse ist eine Eigenschaft eines Körpers, die bestimmt, wie stark er durch eine gegebene Kraft beschleunigt wird.

3

Definition eines Inertialsystems

In einem Inertialsystem bewegt sich ein Körper, auf den keine Kraft wirkt, gleichförmig und geradlinig.

4

Die Newton-Gleichung ist das Grundprinzip der Newtonschen Mechanik. Wir werden später weitere Formulierungen und deren Grundprinzipien kennenlernen.

① Diese Aussage wird auch als zweites Newtonsches Axiom bezeichnet. Weil die Beschleunigung der zweifachen Zeitableitung der Position entspricht, $\vec{a} = d^2\vec{x}/dt^2$, ist die Newton-Gleichung eine gewöhnliche Differenzialgleichung für die Position $\vec{x}$ in zweiter Ordnung in der Zeit t. Die Newton-Gleichung enthält die Definition von drei zentralen Begriffen der Physik: Inertialsystem, Kraft und träge Masse.

② Kräfte können auch über die Verformungen von ausgedehnten Körpern definiert werden, gehen aber ebenfalls mit einer relativen Beschleunigung der Systemteile einher.

③ Wir unterscheiden grundsätzlich zwischen der trägen und der schweren Masse eines Körpers. Die träge Masse ist im Sinn der Newton-Gleichung ein Maß für die Trägheit eines Körpers, also seinem Widerstand gegenüber einer Änderung seiner Geschwindigkeit. Die schwere Masse gibt dagegen ein Maß für die Kraft, die ein Körper in einem Gravitationsfeld erfährt (Seite 149).

④ Diese Aussage wird oft auch als erstes Newtonsches Axiom bezeichnet. Weil die Definitionen von Inertialsystemen und Kräften offensichtlich nicht unabhängig sind, behilft man sich in der Praxis mit Näherungen. Man definiert bezogen auf die zu beschreibende Bewegung offensichtlich vernachlässigbar beschleunigte Bezugssysteme als Quasi-Inertialsysteme.

Beispiele:

- Für die Beschreibung eines Wurfexperiments kann die Erdoberfläche als Inertialsystem betrachtet und die Beschleunigungen durch die Erdrotation, die Bewegung der Erde um die Sonne, die Bewegung des Sonnensystems um das Zentrum der Milchstraße etc. vernachlässigt werden.

- Ein rotierendes Bezugssystem (z.B ein Karussell) ist kein Inertialsystem; nicht fixierte Objekte werden aus Sicht eines Beobachters im rotierenden Bezugssystem nach außen beschleunigt (Seite 23).

- Ein linear beschleunigtes Bezugssystem (z.B. ein beschleunigendes Auto) ist ebenfalls kein Inertialsystem; nicht fixierte Objekte werden aus Sicht einer Beobachterin im beschleunigten Bezugssystem in die Gegenrichtung beschleunigt.

Galilei-Transformation

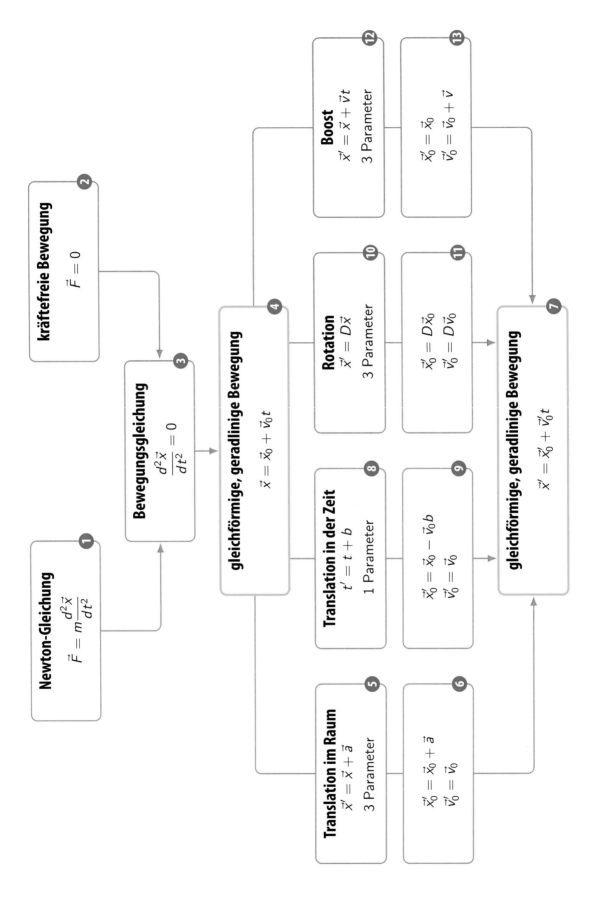

Newton-Gleichung
$\vec{F} = m\dfrac{d^2\vec{x}}{dt^2}$ ❶

kräftefreie Bewegung
$\vec{F} = 0$ ❷

Bewegungsgleichung
$\dfrac{d^2\vec{x}}{dt^2} = 0$ ❸

gleichförmige, geradlinige Bewegung
$\vec{x} = \vec{x}_0 + \vec{v}_0 t$ ❹

Translation im Raum
$\vec{x}' = \vec{x} + \vec{a}$
3 Parameter ❺

$\vec{x}_0' = \vec{x}_0 + \vec{a}$
$\vec{v}_0' = \vec{v}_0$ ❻

Translation in der Zeit
$t' = t + b$
1 Parameter ❽

$\vec{x}_0' = \vec{x}_0 - \vec{v}_0 b$
$\vec{v}_0' = \vec{v}_0$ ❾

Rotation
$\vec{x}' = D\vec{x}$
3 Parameter ❿

$\vec{x}_0' = D\vec{x}_0$
$\vec{v}_0' = D\vec{v}_0$ ⓫

Boost
$\vec{x}' = \vec{x} + \vec{v}t$
3 Parameter ⓬

$\vec{x}_0' = \vec{x}_0$
$\vec{v}_0' = \vec{v}_0 + \vec{v}$ ⓭

gleichförmige, geradlinige Bewegung
$\vec{x}' = \vec{x}_0' + \vec{v}_0' t$ ❼

Inertialsysteme sind spezielle Bezugssysteme, relativ zu denen sich jeder kräftefreie Körper gleichförmig und geradlinig bewegt. Inertialsysteme sind nicht einzigartig, im Gegenteil, durch Galilei-Transformationen können aus einem Inertialsystem beliebig viele weitere gefunden werden.

1 2 3 Die Newton-Gleichung vereinfacht sich für den Fall eines kräftefreien Teilchens in drei Raumdimensionen auf die angegebene Bewegungsgleichung: Die zweite Ableitung der Position $\vec{x}$ nach der Zeit t verschwindet.

4 Die Lösung dieser Bewegungsgleichung ist eine gleichförmige, geradlinige Bewegung. Hier ist $\vec{x}_0$ die Position und $\vec{v}_0$ die Geschwindigkeit des Teilchens zum Zeitpunkt $t = 0$. $\vec{x}_0$ und $\vec{v}_0$ sind jeweils konstant.

5 6 7 Wenn wir diese Bewegung in einem um den Vektor $\vec{a}$ verschobenen Bezugssystem betrachten, so ist die Bewegung wieder gleichförmig und geradlinig. Hier ist $\vec{x}_0'$ die Position und $\vec{v}_0'$ die Geschwindigkeit des Teilchens zum Zeitpunkt $t = 0$.

8 9 Das Gleiche gilt für eine Verschiebung der Bezugszeit der Zeitmessung um das Zeitintervall b. Auch in diesem Bezugssystem bewegt sich das Teilchen gleichförmig und geradlinig.

10 11 Eine Rotation des Bezugssystems führt wiederum auf eine gleichförmige, geradlinige Bewegung. Hier ist D die auf Seite 167 diskutierte Rotationsmatrix.

12 13 Die letzte mögliche Transformation ist eine Transformation in ein Bezugssystem, das sich mit konstanter Relativgeschwindigkeit $\vec{v}$ bezogen auf das ursprüngliche Bezugssystem bewegt – ein sogenannter Boost (engl. *to boost* = erhöhen). Auch diese Transformation ergibt eine gleichförmige, geradlinige Bewegung.

Hinweis:

Das heißt, die allgemeinste Transformation zwischen zwei Bezugssystemen besteht aus einer Translation im Raum, einer Translation in der Zeit, einer Rotation sowie einem Boost und hat insgesamt zehn Parameter.

Konservative Kräfte

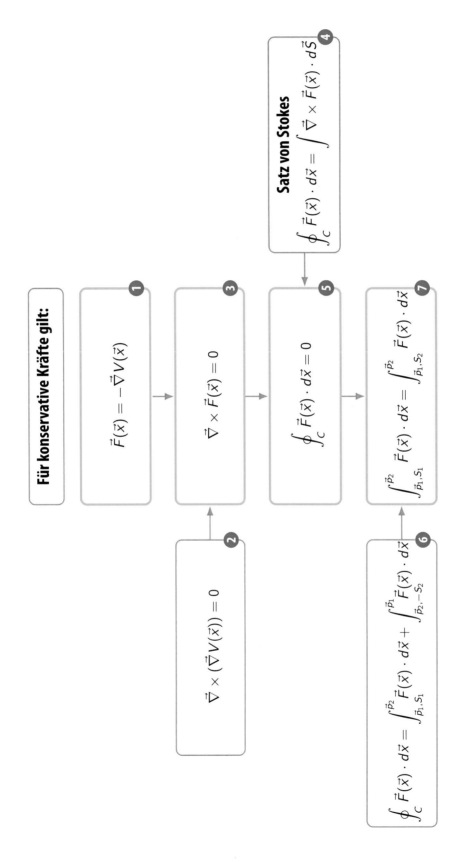

Für konservative Kräfte gilt:

1 $\vec{F}(\vec{x}) = -\vec{\nabla}V(\vec{x})$

2 $\vec{\nabla}\times(\vec{\nabla}V(\vec{x})) = 0$

3 $\vec{\nabla}\times\vec{F}(\vec{x}) = 0$

4 **Satz von Stokes**
$$\oint_C \vec{F}(\vec{x})\cdot d\vec{x} = \int \vec{\nabla}\times\vec{F}(\vec{x})\cdot d\vec{S}$$

5 $\oint_C \vec{F}(\vec{x})\cdot d\vec{x} = 0$

6 $\oint_C \vec{F}(\vec{x})\cdot d\vec{x} = \int_{\vec{p}_1,S_1}^{\vec{p}_2} \vec{F}(\vec{x})\cdot d\vec{x} + \int_{\vec{p}_2,-S_2}^{\vec{p}_1} \vec{F}(\vec{x})\cdot d\vec{x}$

7 $\int_{\vec{p}_1,S_1}^{\vec{p}_2} \vec{F}(\vec{x})\cdot d\vec{x} = \int_{\vec{p}_1,S_2}^{\vec{p}_2} \vec{F}(\vec{x})\cdot d\vec{x}$

Eine Kraft $\vec{F}$, die an jedem Punkt $\vec{x}$ im Raum definiert und zeitunabhängig ist, wird als konservatives Kraftfeld bezeichnet, wenn es eine der vier hier diskutierten gleichwertigen Bedingungen erfüllt.

1 Zu einem konservativen Kraftfeld $\vec{F}(\vec{x})$ kann ein skalares Potenzial $V(\vec{x})$ gefunden werden, sodass das Kraftfeld dem negativen Gradienten dieses Potenzials entspricht.

2 Allgemein verschwindet die Rotation eines Vektorfelds, wenn es ein Gradientenfeld ist (Seite 175).

3 Aus dieser Tatsache können wir direkt ableiten, dass die Rotation eines konservativen Kraftfelds verschwindet.

4 Der Satz von Stokes besagt, dass zwei Integrale den gleichen Wert haben: auf der einen Seite das Flächenintegral über eine von der Kurve C begrenzten Fläche über die Rotation eines Vektorfelds, auf der anderen Seite das geschlossene Kurvenintegral über die Komponente des Vektorfelds entlang derselben Kurve C.

5 Mit dem Satz von Stokes ergibt sich, dass in einem konservativen Kraftfeld die verrichtete Arbeit entlang eines beliebigen, geschlossenen Wegs null ist.

6 Ein Integral über eine geschlossene Kurve C kann als Summe zweier Integrale über die Wege S_1 und S_2 mit gemeinsamen Anfangs- und Endpunkten, $\vec{p}_1$ und $\vec{p}_2$, dargestellt werden.

7 Damit ergibt sich die letzte Aussage über konservative Kraftfelder: Die verrichtete Arbeit entlang zweier beliebiger Wege mit identischen Anfangs- und Endpunkten ist in einem konservativen Kraftfeld gleich.

Beispiel und Gegenbeispiel:

Im Fall eines eindimensionalen harmonischen Oszillators erfährt eine Masse, die aus der Gleichgewichtslage ausgelenkt wird, eine Rückstellkraft F, die proportional und entgegengesetzt zur Verschiebung x ist:

$$F = -kx,$$

wobei k eine positive (Feder-)Konstante ist. Diese Kraft kann als Gradient bzw. als Ableitung eines quadratischen Potenzials

$$V = \frac{1}{2}kx^2,$$

dargestellt werden. Damit handelt es sich bei der Kraft F um eine konservative Kraft. Kräfte, die durch Reibung verursacht werden, sind jedoch nicht konservativ, weil sie im Allgemeinen von der Geschwindigkeit abhängen und somit nicht durch ein Potenzial ausgedrückt werden können.

Potenzielle Energie versus kinetische Energie

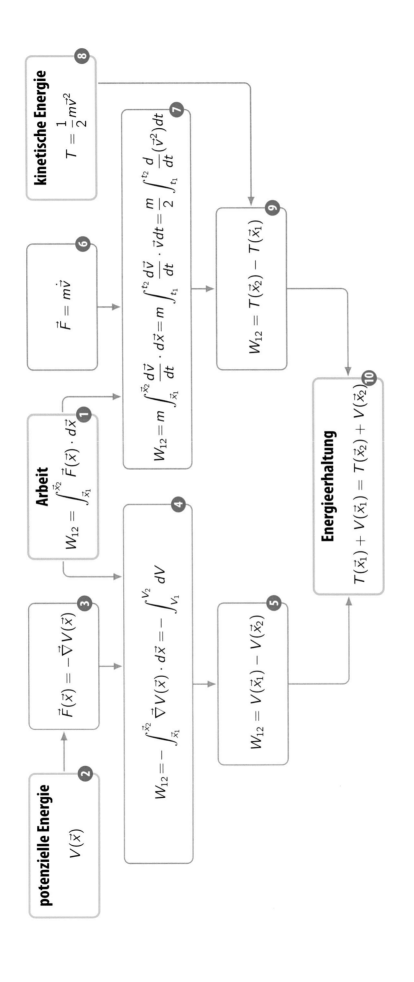

Aus der Definition der mechanischen Arbeit und der Newton-Gleichung folgt die Energieerhaltung für die Bewegung eines Teilchens in einem konservativen, zeitunabhängigen Kraftfeld.

1 Die mechanische Arbeit W_{12} ist definiert als das Integral des Skalarprodukts aus der Kraft $\vec{F}(\vec{x})$ und der Bewegungsrichtung entlang des Wegs. Hier sind $\vec{x}_1$ und $\vec{x}_2$ die Anfangs- bzw. Endpunkte des Wegs.

2 3 Ein konservatives Kraftfeld kann als negativer Gradient eines Potenzials als $V(\vec{x})$ ausgedrückt werden (Seite 11).

4 Das Skalarprodukt aus dem Gradient des Potenzials $\vec{\nabla}V(\vec{x})$ und der differentiellen Verschiebung $d\vec{x}$ ergibt das totale Differenzial dV des Potenzials (Seite 19):

$$\vec{\nabla}V \cdot d\vec{x} = \frac{\partial V}{\partial x}dx + \frac{\partial V}{\partial y}dy + \frac{\partial V}{\partial z}dz = dV$$

5 Damit wird die Integration trivial, und die mechanische Arbeit ergibt sich als die Differenz des Potenzials am Anfangs- und am Endpunkt der Bewegung.

6 Wir können die Kraft mithilfe der Newton-Gleichung durch die Beschleunigung $\vec{a} = \dot{\vec{v}}$ ausdrücken.

7 Wir setzen die Newton-Gleichung in die Definition der mechanischen Arbeit, nutzen den Zusammenhang zwischen Ort und Geschwindigkeit $\vec{v} = \dot{\vec{x}}$ und transformieren das Integral über den Ort in ein Integral über die Zeit. Im letzten Schritt verwenden wir die Produktregel der Ableitung.

8 9 Wir nutzen den allgemeinen Zusammenhang zwischen Ableitung und Integration

$$\int_a^b \frac{dF(x)}{dx}dx = F(b) - F(a)$$

und mit dem Ausdruck für die kinetische Energie ergibt sich die mechanische Arbeit als die Differenz der kinetischen Energie am Anfangs- und Endpunkt.

10 Insgesamt ist also die Summe der kinetischen und der potenziellen Energie vor und nach der Verschiebung identisch.

Bestimmung der Bewegungsgleichung – Kraft versus Energie

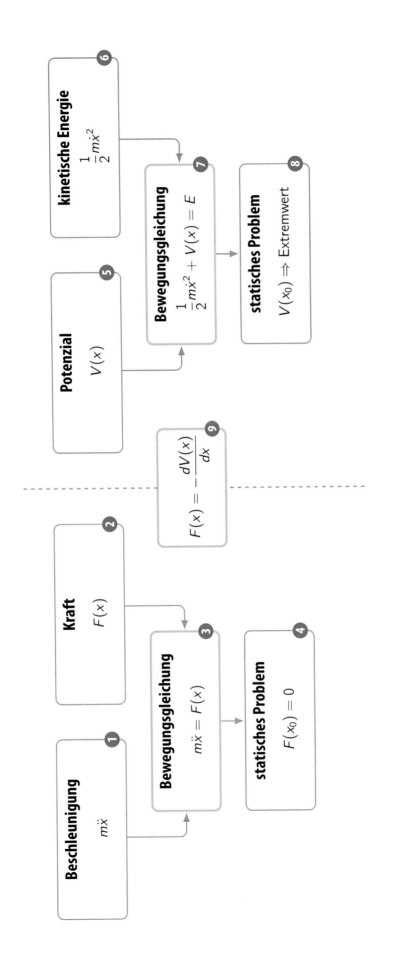

Die Bahnkurve eines Teilchens unter dem Einfluss eines konservativen, zeitunabhängigen Kraftfelds kann sowohl aus der Newtonschen Bewegungsgleichung als auch der Energieerhaltung bestimmt werden. Wir zeigen an dem Beispiel eines Teilchens in einer Raumdimension, dass die beiden Ansätze vollkommen äquivalent sind.

❶❷❸ Die Newton-Gleichung setzt das Produkt aus Masse m und Beschleunigung $\ddot{x}$ eines Teilchens gleich mit der Kraft F, die auf das Teilchen wirkt. Die Lösung dieser Differenzialgleichung zweiter Ordnung führt zusammen mit zwei Anfangsbedingungen zur Bahnkurve $x(t)$.

❹ Daraus folgt insbesondere, dass ein ruhendes Teilchen an der Stelle x_0 in Ruhe verharrt, wenn dort die Kraft verschwindet.

❺❻❼ Die Energieerhaltung setzt die Summe aus kinetischer Energie eines Teilchens und dem Potenzial V, in dem es sich befindet, gleich mit der konstanten Energie E. Die Lösung dieser Differenzialgleichung erster Ordnung führt zusammen mit nur einer Anfangsbedingung zur Bahnkurve.

❽ Ein ruhendes Teilchen an der Stelle x_0 bleibt in Ruhe, wenn das Potenzial dort ein lokales Minimum oder Maximum hat.

❾❿ Weil die konservative Kraft der negative Gradient des Potenzials ist, sind beide Differenzialgleichungen äquivalent und können so je nach Aufgabenstellung benutzt werden.

Beispiel:

Als Beispiel betrachten wir den harmonischen Oszillator in einer Dimension. Die Kraft F ist hier proportional und entgegengesetzt zur Auslenkung x aus der Ruhelage: $F(x) = -kx$. Die Proportionalitätskonstante ist die Federkonstante k. Die Newton-Gleichung lautet:

$$m\ddot{x} + kx = 0$$

Die allgemeine Lösung kann als Sinus dargestellt werden:

$$x(t) = A\sin(\omega t + \phi)$$

Hier sind ϕ und A Konstanten, die durch die Anfangsbedingungen bestimmt sind, und $\omega = \sqrt{k/m}$ ist die Oszillationswinkelgeschwindigkeit. Für den harmonischen Oszillator ist das Potenzial proportional zum Quadrat der Auslenkung, $V(x) = kx^2/2$. Damit ergibt sich für die Energiebewegungsgleichung:

$$\frac{1}{2}m\dot{x}^2 + \frac{1}{2}kx^2 = E$$

Auch sie hat die obige Funktion $x(t)$ als Lösung, wie wir durch Einsetzen der Funktion und Anwenden der trigonometrischen Identität $\sin^2(\alpha) + \cos^2(\alpha) = 1$ beweisen,

$$\frac{1}{2}A^2\left(k\sin^2(\omega t + \phi) + m\omega^2\cos^2(\omega t + \phi)\right) = E,$$

hier jedoch nur mit einer freien Konstante ϕ, weil A durch die Energie E bestimmt ist:

$$A = \sqrt{\frac{2E}{k}}$$

Impuls versus Drehimpuls eines Teilchens

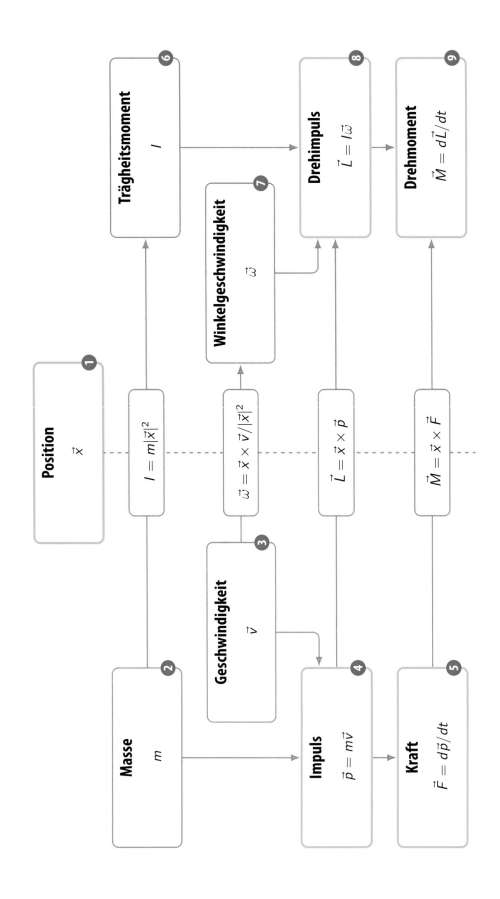

Position
$\vec{x}$ ❶

Masse
m ❷

Geschwindigkeit
$\vec{v}$ ❸

Trägheitsmoment
I ❻

Winkelgeschwindigkeit
$\vec{\omega}$ ❼

Drehimpuls
$\vec{L} = I\vec{\omega}$ ❽

Drehmoment
$\vec{M} = d\vec{L}/dt$ ❾

Impuls
$\vec{p} = m\vec{v}$ ❹

Kraft
$\vec{F} = d\vec{p}/dt$ ❺

$I = m|\vec{x}|^2$

$\vec{\omega} = \vec{x} \times \vec{v}/|\vec{x}|^2$

$\vec{L} = \vec{x} \times \vec{p}$

$\vec{M} = \vec{x} \times \vec{F}$

Wir diskutieren die Analogien sowie Zusammenhänge der linearen Bewegung und der Drehbewegung eines Teilchens.

1 2 3 Wir betrachten ein Teilchen mit der Masse m und der Position $\vec{x}$, das sich mit der momentanen Geschwindigkeit $\vec{v}$ bewegt.

4 Das Teilchen hat einen Impuls $\vec{p}$, der sich aus dem Produkt von Masse und Geschwindigkeit ergibt.

5 Der Impuls ändert sich gemäß der Newton-Gleichung durch eine wirkende Kraft $\vec{F}$.

6 7 Wir können die Bewegung auch als eine Drehbewegung bezüglich des Koordinatenursprungs auffassen. Dann hat das Teilchen ein momentanes Trägheitsmoment I und eine Winkelgeschwindigkeit $\vec{\omega}$.

8 Der Drehimpuls ergibt sich aus dem Vektorprodukt von Position und Impuls bzw. als Produkt von Trägheitsmoment und Winkelgeschwindigkeit.

9 Die Newton-Gleichung führt auf den angegebenen Zusammenhang zwischen Drehmoment und der zeitlichen Änderung des Drehimpulses. ✎

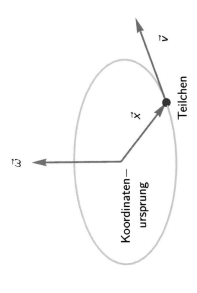

Newton-Gleichung und Erhaltungssätze

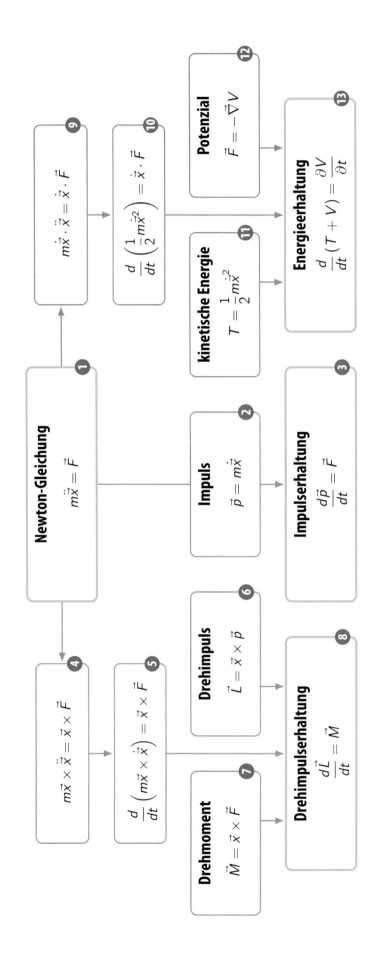

Newton-Gleichung
$$m\ddot{\vec{x}} = \vec{F}$$
(1)

Impuls
$$\vec{p} = m\dot{\vec{x}}$$
(2)

Impulserhaltung
$$\frac{d\vec{p}}{dt} = \vec{F}$$
(3)

$$m\dot{\vec{x}} \cdot \ddot{\vec{x}} = \dot{\vec{x}} \cdot \vec{F}$$
(9)

$$\frac{d}{dt}\left(\frac{1}{2}m\dot{\vec{x}}^2\right) = \dot{\vec{x}} \cdot \vec{F}$$
(10)

Potenzial
$$\vec{F} = -\vec{\nabla}V$$
(12)

kinetische Energie
$$T = \frac{1}{2}m\dot{\vec{x}}^2$$
(11)

Energieerhaltung
$$\frac{d}{dt}(T + V) = \frac{\partial V}{\partial t}$$
(13)

$$m\vec{x} \times \ddot{\vec{x}} = \vec{x} \times \vec{F}$$
(4)

$$\frac{d}{dt}\left(m\vec{x} \times \dot{\vec{x}}\right) = \vec{x} \times \vec{F}$$
(5)

Drehimpuls
$$\vec{L} = \vec{x} \times \vec{p}$$
(6)

Drehmoment
$$\vec{M} = \vec{x} \times \vec{F}$$
(7)

Drehimpulserhaltung
$$\frac{d\vec{L}}{dt} = \vec{M}$$
(8)

Aus der Newton-Gleichung für ein Teilchen in einem konservativen Kraftfeld folgen Erhaltungssätze für den Impuls, den Drehimpuls und die Gesamtenergie.

(1) Ausgangspunkt ist die Newton-Gleichung für ein Teilchen mit der Masse m und der Position $\vec{x}$, auf das die Kraft $\vec{F}$ wirkt.

(2)(3) Aus der Definition des Impulses ergibt sich direkt die Impulserhaltung: Die zeitliche Änderung des Impulses ist gleich der wirkenden Kraft. ✎

(4)(5) Wir multiplizieren die Newton-Gleichung auf beiden Seiten vektoriell mit der Position $\vec{x}$. Der Ausdruck auf der linken Seite entspricht der zeitlichen Ableitung des Vektorprodukts von Position $\vec{x}$ und Geschwindigkeit $\dot{\vec{x}}$, weil das Vektorprodukt der Geschwindigkeit mit sich selbst verschwindet. ✎

(6)(7)(8) Mit der Definition des Drehimpulses $\vec{L}$ und der Definition des Drehmoments $\vec{M}$ ergibt sich die Drehimpulserhaltung: Die zeitliche Änderung des Drehimpulses ist gleich des wirkenden Drehmoments.

(9)(10) Wir multiplizieren die Newton-Gleichung auf beiden Seiten skalar mit der Geschwindigkeit $\dot{\vec{x}}$. Der Ausdruck auf der linken Seite entspricht der zeitlichen Ableitung des Quadrats der Geschwindigkeit $\dot{\vec{x}}$. ✎

(11)(12)(13) Mit der Definition der kinetischen Energie T und dem Zusammenhang von Kraft und Potenzial V ergibt sich die Energieerhaltung: Die zeitliche Änderung der Gesamtenergie $T + V$ ist gleich der partiellen Ableitung des Potenzials nach der Zeit. Hier haben wir die vollständige Ableitung des Potenzials genutzt (siehe Hinweis):

$$\frac{dV}{dt} = \frac{\partial V}{\partial t} + \sum_{i=1}^{3} \frac{\partial V}{\partial x_i}\frac{dx_i}{dt} = \frac{\partial V}{\partial t} + \dot{\vec{x}} \cdot \vec{\nabla} V$$

Hinweis:

Die partielle Ableitung $\partial f(x, y, t)/\partial t$ einer Funktion $f(x, y, t)$ von mehreren Variablen x, y und t nach einer Variablen, z.B. t, wird gebildet, indem man alle anderen Variablen als konstant betrachtet und die Funktion nach den üblichen Regeln der Ableitung nach t differenziert. Die vollständige Ableitung $df(x, y, t)/dt$ einer Funktion wird gebildet, indem man alle anderen Variablen als Funktionen dieser Variablen, $x(t)$ und $y(t)$, betrachtet und die Funktion mithilfe der Kettenregel nach t differenziert. Zur Unterscheidung von vollständigen und partiellen Differenzialen werden unterschiedliche Symbole benutzt: die normale Schreibweise des d beim vollständigen Differenzial und eine spezielle Schreibweise ∂ für die partielle Ableitung.

Erhaltungsgrößen und Symmetrien

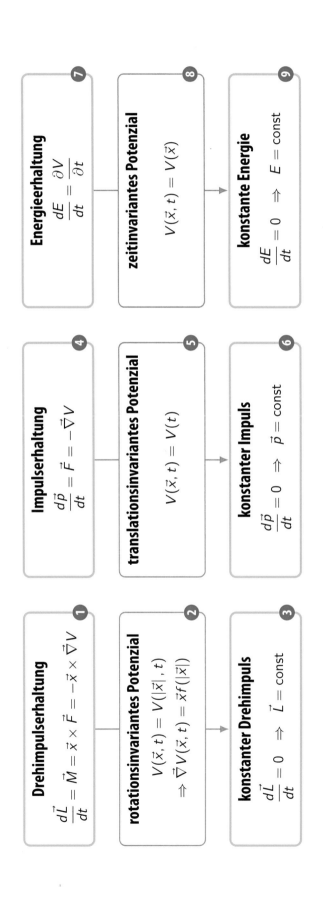

Energieerhaltung

$$\frac{dE}{dt} = -\frac{\partial V}{\partial t}$$

7

zeitinvariantes Potenzial

$$V(\vec{x}, t) = V(\vec{x})$$

8

konstante Energie

$$\frac{dE}{dt} = 0 \;\;\Rightarrow\;\; E = \text{const}$$

9

Impulserhaltung

$$\frac{d\vec{p}}{dt} = \vec{F} = -\vec{\nabla} V$$

4

translationsinvariantes Potenzial

$$V(\vec{x}, t) = V(t)$$

5

konstanter Impuls

$$\frac{d\vec{p}}{dt} = 0 \;\;\Rightarrow\;\; \vec{p} = \text{const}$$

6

Drehimpulserhaltung

$$\frac{d\vec{L}}{dt} = \vec{M} = \vec{x} \times \vec{F} = -\vec{x} \times \vec{\nabla} V$$

1

rotationsinvariantes Potenzial

$$V(\vec{x}, t) = V(|\vec{x}|, t)$$
$$\Rightarrow \vec{\nabla} V(\vec{x}, t) = \vec{x} f(|\vec{x}|)$$

2

konstanter Drehimpuls

$$\frac{d\vec{L}}{dt} = 0 \;\;\Rightarrow\;\; \vec{L} = \text{const}$$

3

Symmetrien des Potenzials führen auf zeitlich konstante Größen. Diesen Zusammenhang werden wir später formaler und allgemeiner als das Noether-Theorem ableiten.

➊ Wir drücken die konservative Kraft $\vec{F}$ in der Drehimpulserhaltung durch den negativen Gradienten des Potenzials V aus.

➋ Der Gradient eines rotationssymmetrischen Potenzials mit dem Zentrum im Koordinatenursprung zeigt immer in Richtung des Positionsvektors $\vec{x}$. Der Gradient eines Potenzials mit dieser Eigenschaft lässt sich also als skalare Funktion $f(|\vec{x}|)$ multipliziert mit dem Positionsvektor ausdrücken. ✎

➌ In diesem Fall ergibt sich aus der Drehimpulserhaltung, dass die zeitliche Änderung des Drehimpulses gleich null ist, weil das Vektorprodukt der Position mit sich selbst verschwindet. Damit bleibt der Drehimpuls also zeitlich konstant bzw. erhalten.

➍➎➏ Der Gradient eines translationsinvarianten, also eines ortsunabhängigen Potenzials verschwindet, und somit folgt aus der Impulserhaltung, dass die zeitliche Änderung des Impulses gleich null ist. In diesem Fall bleibt der Impuls erhalten.

➐➑➒ Ein Potenzial ohne explizite Zeitabhängigkeit ist symmetrisch unter einer Verschiebung in der Zeit. Es verschwindet die partielle Zeitableitung des Potenzials, und somit ergibt sich aus der Energieerhaltung, dass die zeitliche Änderung der Gesamtenergie $E = T + V$ gleich null ist.

Raumfestes Bezugssystem versus rotierendes Bezugssystem

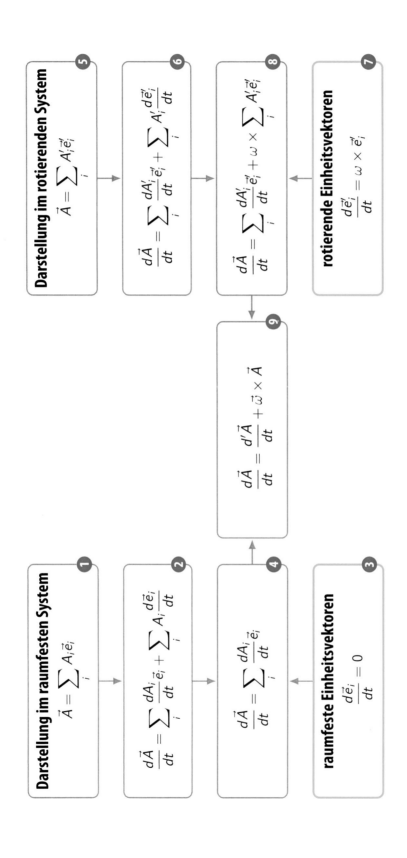

Darstellung im raumfesten System

$$\vec{A} = \sum_i A_i \vec{e}_i \qquad \text{①}$$

$$\frac{d\vec{A}}{dt} = \sum_i \frac{dA_i}{dt}\vec{e}_i + \sum_i A_i \frac{d\vec{e}_i}{dt} \qquad \text{②}$$

$$\frac{d\vec{A}}{dt} = \sum_i \frac{dA_i}{dt}\vec{e}_i \qquad \text{④}$$

raumfeste Einheitsvektoren

$$\frac{d\vec{e}_i}{dt} = 0 \qquad \text{③}$$

Darstellung im rotierenden System

$$\vec{A} = \sum_i A_i' \vec{e}_i' \qquad \text{⑤}$$

$$\frac{d\vec{A}}{dt} = \sum_i \frac{dA_i'}{dt}\vec{e}_i' + \sum_i A_i' \frac{d\vec{e}_i'}{dt} \qquad \text{⑥}$$

$$\frac{d\vec{A}}{dt} = \sum_i \frac{dA_i'}{dt}\vec{e}_i' + \omega \times \sum_i A_i' \vec{e}_i' \qquad \text{⑧}$$

rotierende Einheitsvektoren

$$\frac{d\vec{e}_i'}{dt} = \omega \times \vec{e}_i' \qquad \text{⑦}$$

$$\frac{d\vec{A}}{dt} = \frac{d'\vec{A}}{dt} + \vec{\omega} \times \vec{A} \qquad \text{⑨}$$

Wir betrachten den wichtigen Zusammenhang zwischen den beobachteten zeitlichen Änderungen eines Vektors in einem Inertialsystem und einem relativ dazu rotierenden Bezugssystem.

1 Wir starten mit dem raumfesten System. Hier wird der Vektor $\vec{A}$ als Summe von Einheitsvektoren $\vec{e}_1$, $\vec{e}_2$ und $\vec{e}_3$ dargestellt. A_1, A_2 und A_3 sind die Komponenten.

2 Nun leiten wir unter Anwendung der Produktregel der Ableitung diesen Vektor nach der Zeit t ab.

3 4 Ein raumfestes System zeichnet sich gerade dadurch aus, dass die Einheitsvektoren nicht von der Zeit abhängen.

5 Derselbe Vektor wird in einem bewegten Bezugssystem ebenfalls als mit Koordinaten A'_i gewichtete Summe von Einheitsvektoren $\vec{e}'_i$ dargestellt.

6 Wir leiten den Vektor auch in dieser Darstellung nach der Zeit ab.

7 8 In einem mit der Winkelgeschwindigkeit $\vec{\omega}$ um den Ursprung rotierenden Bezugssystem verändern sich die Einheitsvektoren entsprechend der angegebenen Formel (Seite 171).

9 Das heißt eine fest mit dem rotierenden System verbundene Beobachterin nimmt eine zeitliche Änderung des Vektors von $d'\vec{A}/dt$ wahr. Ein Beobachter im raumfesten Bezugssystem sieht dagegen eine zeitliche Änderung $d\vec{A}/dt$. Die Differenz $\vec{\omega} \times \vec{A}$ verschwindet natürlich, falls die Winkelgeschwindigkeit null ist, aber auch, falls der Vektor $\vec{A}$ parallel zur Rotationsachse ist.

Zentrifugalkraft und Coriolis-Kraft

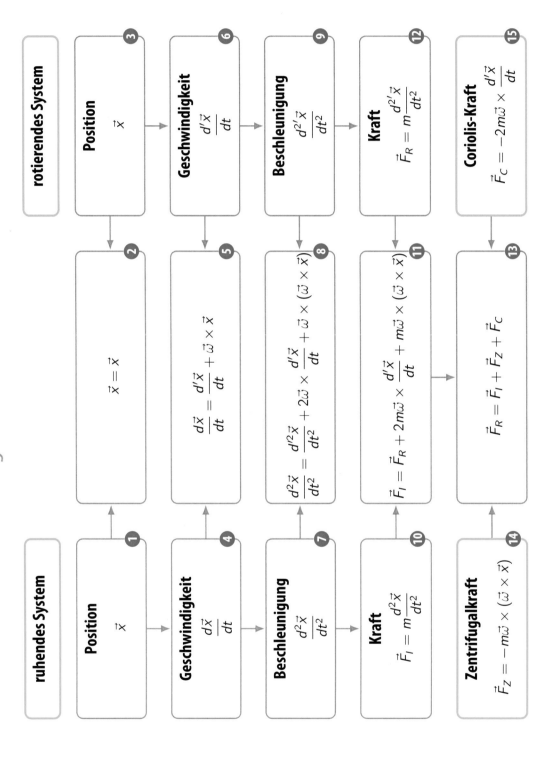

ruhendes System

Position
$\vec{x}$

Geschwindigkeit
$\dfrac{d\vec{x}}{dt}$

Beschleunigung
$\dfrac{d^2\vec{x}}{dt^2}$

Kraft
$\vec{F}_I = m\dfrac{d^2\vec{x}}{dt^2}$

Zentrifugalkraft
$\vec{F}_Z = -m\vec{\omega}\times(\vec{\omega}\times\vec{x})$

rotierendes System

Position
$\vec{x}$

Geschwindigkeit
$\dfrac{d'\vec{x}}{dt}$

Beschleunigung
$\dfrac{d^{2\prime}\vec{x}}{dt^2}$

Kraft
$\vec{F}_R = m\dfrac{d^{2\prime}\vec{x}}{dt^2}$

Coriolis-Kraft
$\vec{F}_C = -2m\vec{\omega}\times\dfrac{d'\vec{x}}{dt}$

$\vec{x} = \vec{x}$

$\dfrac{d\vec{x}}{dt} = \dfrac{d'\vec{x}}{dt} + \vec{\omega}\times\vec{x}$

$\dfrac{d^2\vec{x}}{dt^2} = \dfrac{d'^2\vec{x}}{dt^2} + 2\vec{\omega}\times\dfrac{d'\vec{x}}{dt} + \vec{\omega}\times(\vec{\omega}\times\vec{x})$

$\vec{F}_I = \vec{F}_R + 2m\vec{\omega}\times\dfrac{d'\vec{x}}{dt} + m\vec{\omega}\times(\vec{\omega}\times\vec{x})$

$\vec{F}_R = \vec{F}_I + \vec{F}_Z + \vec{F}_C$

Auf der vorherigen Seite haben wir diskutiert, wie (und auch wie unterschiedlich) zwei Beobachterinnen in einem ruhenden bzw. in einem rotierenden Bezugssystem die zeitliche Änderung eines Vektors wahrnehmen. Aufbauend darauf untersuchen wir auf dieser Seite die Zentrifugalkraft und die Coriolis-Kraft.

1 2 3 Der Vektor $\vec{r}$ beschreibt in beiden Systemen denselben Punkt im Raum, hat aber verschiedene Komponenten weil die Einheitsvektoren im Allgemeinen verschieden sind. Wir nehmen an, dass die beiden Systeme denselben Ursprung haben.

4 5 6 In einem mit konstanter Winkelgeschwindigkeit $\vec{\omega}$ um den Ursprung rotierenden System ergibt sich die beobachtete Geschwindigkeit des Teilchens als Summe aus der Geschwindigkeit im ruhenden System und einem Anteil, der durch die Rotation des Bezugssystems entsteht.

7 8 9 Nun wenden wir die Verknüpfung zwischen den zeitlichen Ableitungen ein weiteres Mal an und finden so den Zusammenhang zwischen den beiden Beschleunigungen ✎. Weil sich der Vektor der Winkelgeschwindigkeit weder im raumfesten noch im rotierenden Bezugssystem ändert, gilt:

$$\frac{d\vec{\omega}}{dt} = \frac{d'\vec{\omega}}{dt} = 0$$

10 11 12 Die beobachteten Kräfte im ruhenden System $\vec{F}_I$ und rotierenden System $\vec{F}_R$ ergeben sich aus der Multiplikation der Beschleunigungen mit der Masse m.

13 Damit wird deutlich, dass im rotierenden System zusätzlich zur Kraft $\vec{F}_I$, die auch im Inertialsystem wirkt, weitere sogenannte Scheinkräfte beobachtet werden. Die Ursache dieser Kräfte liegt einzig in der Rotation des Bezugssystems.

14 Wir unterscheiden die Zentrifugalkraft und die Coriolis-Kraft. Die Zentrifugalkraft $\vec{F}_Z$ ist immer radial von der Drehachse nach außen gerichtet und wächst quadratisch mit dem Betrag der Winkelgeschwindigkeit ω und linear mit dem Abstand von der Drehachse.

15 Die Coriolis-Kraft wirkt nur auf sich relativ zum rotierenden Bezugssystem bewegende Teilchen und steht jeweils senkrecht auf dem Geschwindigkeitsvektor und der Winkelgeschwindigkeit.

Grundgrößen der Mechanik

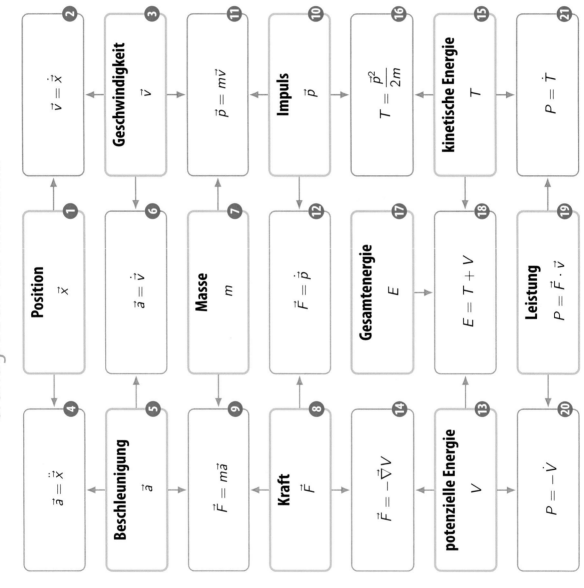

Position
$\vec{x}$ ➊

$\vec{v} = \dot{\vec{x}}$ ➋

Geschwindigkeit
$\vec{v}$ ➌

$\vec{a} = \ddot{\vec{x}}$ ➍

Beschleunigung
$\vec{a}$ ➎

$\vec{a} = \dot{\vec{v}}$ ➏

Masse
m ➐

$\vec{F} = m\vec{a}$ ➒

$\vec{p} = m\vec{v}$ ⓫

Kraft
$\vec{F}$ ➑

$\vec{F} = \dot{\vec{p}}$ ⓬

Impuls
$\vec{p}$ ➓

$\vec{F} = -\vec{\nabla}V$ ⓮

$T = \dfrac{\vec{p}^2}{2m}$ ⓰

potenzielle Energie
V ⓭

Gesamtenergie
E ⓱

$E = T + V$ ⓲

kinetische Energie
T ⓯

$P = -\dot{V}$ ⓴

Leistung
$P = \vec{F} \cdot \vec{v}$ ⓳

$P = \dot{T}$ ㉑

Auf dieser Seite sammeln wir einige in diesem Kapitel diskutierte Zusammenhänge zwischen den Grundgrößen der Mechanik.

① ② ③ Die einfache Ableitung der Position $\vec{x}$ eines Teilchens nach der Zeit ergibt die Geschwindigkeit $\vec{v}$ des Teilchens.

④ ⑤ ⑥ Die zweifache Ableitung der Position nach der Zeit ergibt die Beschleunigung $\vec{a}$. Natürlich entspricht dann die einfache Ableitung der Geschwindigkeit nach der Zeit der Beschleunigung.

⑦ ⑧ ⑨ Die Newton-Gleichung verknüpft die auf das Teilchen wirkende Kraft mit der resultierenden Beschleunigung und der Masse m des Teilchens.

⑩ ⑪ ⑫ Der Impuls $\vec{p}$ ist das Produkt von Masse und Geschwindigkeit. Damit ist die einfache Ableitung des Impulses nach der Zeit gleich der Kraft.

⑬ ⑭ Die Kraft $\vec{F}$ ist der negative Gradient der potenziellen Energie V.

⑮ ⑯ Die kinetische Energie T ist proportional zum Quadrat des Impulses.

⑰ ⑱ Die Gesamtenergie ist die Summe aus kinetischer Energie und potenzieller Energie.

⑲ Die Leistung P ist das Skalarprodukt aus der Geschwindigkeit und der Kraft.

⑳ Wir zeigen, dass die Leistung gleich der negativen zeitlichen Ableitung der potenziellen Energie ist:

$$P = -\dot{V} = -\sum_{i=1}^{3} \frac{\partial V}{\partial x_i} \frac{\partial x_i}{\partial t} = -\vec{\nabla} V \cdot \dot{\vec{x}} = \vec{F} \cdot \vec{v}$$

㉑ Sehr ähnlich ergibt sich auch, dass die Leistung gleich der zeitlichen Ableitung der kinetischen Energie ist:

$$P = \dot{T} = \vec{p} \cdot \dot{\vec{p}}/m = \vec{F} \cdot \vec{v}$$

Das ergibt sich auch aus der Gesamtenergie unter der Annahme, dass diese erhalten ist, also deren zeitliche Ableitung verschwindet:

$$dE/dt = 0.$$

Anmerkung:

Aus den Basiseinheiten Kilogramm, Meter und Sekunde sowie den diskutierten Zusammenhängen zwischen den physikalischen Größen leiten wir deren Einheiten ab:

$[t]$ = s (Sekunde)

$[m]$ = kg (Kilogramm)

$[\vec{x}]$ = m (Meter)

$[\vec{v}]$ = m/s

$[\vec{a}]$ = m/s^2

$[\vec{p}]$ = kg m/s

$[\vec{F}]$ = N (Newton) = kg m/s^2

$[V] = [T] = [E]$ = J (Joule) = Nm = kg m^2/s^2

$[P]$ = W (Watt) = J/s = kg m^2/s^3

Kapitel 2

Mehrteilchensysteme

© Springer-Verlag GmbH Deutschland, ein Teil von Springer Nature 2021
M. Wick, *Klassische Mechanik mit Concept-Maps*,
https://doi.org/10.1007/978-3-662-62544-6_2

Erhaltungssätze für Mehrteilchensysteme

interne Kräfte ①
$$\vec{F}_{ij}$$

externe Kräfte ②
$$\vec{F}_i^{ext}$$

Bewegungsgleichung ③
$$m_i\ddot{\vec{x}}_i = \vec{F}_i = \vec{F}_i^{ext} + \sum_{j\neq i}\vec{F}_{ij}$$

Gesamtimpuls ④
$$\vec{p} = \sum_i m_i\dot{\vec{x}}_i$$

⑤
$$\frac{d\vec{p}}{dt} = \sum_i m_i\ddot{\vec{x}}_i = \sum_i \vec{F}_i$$
$$= \sum_i \vec{F}_i^{ext} + \sum_i\sum_{j\neq i}\vec{F}_{ij} = \sum_i \vec{F}_i^{ext}$$

Impulserhaltung ⑥
$$\frac{d\vec{p}}{dt} = \sum_i \vec{F}_i^{ext}$$

Gesamtdrehimpuls ⑦
$$\vec{L} = \sum_i m_i(\vec{x}_i \times \dot{\vec{x}}_i)$$

⑧
$$\frac{d\vec{L}}{dt} = \sum_i m_i(\vec{x}_i \times \ddot{\vec{x}}_i) = \sum_i \vec{x}_i \times \vec{F}_i$$
$$= \sum_i \vec{x}_i \times \vec{F}_i^{ext} + \sum_i\sum_{j\neq i}\vec{x}_i \times \vec{F}_{ij} = \sum_i \vec{x}_i \times \vec{F}_i^{ext}$$

Drehimpulserhaltung ⑨
$$\frac{d\vec{L}}{dt} = \sum_i \vec{x}_i \times \vec{F}_i^{ext}$$

gesamte kinetische Energie ⑩
$$T = \frac{1}{2}\sum_i m_i\dot{\vec{x}}_i^{\,2}$$

⑪
$$\frac{dT}{dt} = \sum_i m_i\dot{\vec{x}}_i\cdot\ddot{\vec{x}}_i = \sum_i \dot{\vec{x}}_i\cdot\vec{F}_i$$
$$= \sum_i \dot{\vec{x}}_i\cdot\vec{F}_i^{ext} + \sum_i\sum_{j\neq i}\dot{\vec{x}}_i\cdot\vec{F}_{ij}$$

Energieerhaltung ⑫
$$\frac{dT}{dt} = -\frac{dV}{dt}$$

Im vorherigen Kapitel haben wir die Bewegungsgleichungen eines einzelnen Teilchens betrachtet. In diesem Kapitel betrachten wir das Verhalten eines Systems von mehreren Teilchen.

①②③ Wir gehen von einem System von N Teilchen aus und betrachten deren Bewegungsgleichungen. Jedes Teilchen i wird entsprechend der auf das Teilchen wirkenden Kraft $\vec{F}_i$ beschleunigt. Die wirkende Kraft ist jeweils die Summe aus externen Kräften $\vec{F}_i^{ext}$, also Kräften, deren Ursache nicht im System liegt, und aus internen Kräften $\vec{F}_{ij}$, die von den anderen Teilchen ausgeübt werden.

④ Der Gesamtimpuls $\vec{p}$ des Systems entspricht der Summe der Einzelimpulse der Teilchen; diese sind wiederum das Produkt aus Geschwindigkeiten $\dot{\vec{x}}_i$ und der Massen m_i.

⑤ Die zeitliche Ableitung des Gesamtimpulses führt auf eine Summe von Beschleunigungen, die sich mithilfe der Bewegungsgleichung durch die Kräfte ersetzen lassen. Die internen Kräfte verschwinden in der Summe aufgrund des dritten Newtonschen Gesetzes: Übt das Teilchen i auf das Teilchen j eine Kraft aus, so wirkt eine gleich große, aber entgegengerichtete Kraft von Teilchen j auf Teilchen i:

$$\vec{F}_{ij} = -\vec{F}_{ji}$$

⑥ Das heißt, die zeitliche Ableitung des Gesamtimpulses ist gleich der Summe der externen Kräfte.

⑦⑧⑨ Der Gesamtdrehimpuls $\vec{L}$ des Systems ist gleich der Summe der Einzeldrehimpulse. Wieder lassen sich in der zeitlichen Ableitung des Gesamtdrehimpulses die Beschleunigungen durch die Kräfte ersetzen. Darüber hinaus nutzen wir:

$$\frac{d}{dt}(\vec{x}_i \times \dot{\vec{x}}_i) = \dot{\vec{x}}_i \times \dot{\vec{x}}_i + \vec{x}_i \times \ddot{\vec{x}}_i = \vec{x}_i \times \ddot{\vec{x}}$$

Wir nehmen an, dass die starke Form des dritten Newtonschen Gesetzes gilt, d.h., wir fordern, dass die Kräfte $\vec{F}_{ij}$ und $\vec{F}_{ji}$ entlang der Verbindungslinie zwischen Teilchen i und Teilchen j wirken. Mathematisch ist diese Aussage äquivalent zu

$$(\vec{x}_i - \vec{x}_j) \times \vec{F}_{ji} = 0 .$$

Folglich verschwinden wieder die internen Kräfte, und die zeitliche Ableitung des Gesamtdrehimpulses ist gleich der Summe der externen Drehmomente.

⑩ Die gesamte kinetische Energie T setzt sich aus den kinetischen Energien der Teilchen zusammen.

⑪ Nach der zeitlichen Ableitung nutzen wir wieder die Bewegungsgleichungen und setzen voraus, dass wir den wirkenden Kräften die Potenziale $V_i(\vec{x}_i)$ und $V_{ij}(\vec{x}_i, \vec{x}_j)$ zuordnen können:

$$\vec{F}_i^{ext} = -\vec{\nabla}_i V_i(\vec{x}_i), \qquad \vec{F}_{ij} = -\vec{\nabla}_i V_{ij}(\vec{x}_i, \vec{x}_j)$$

Der Gradient $\vec{\nabla}_i$ bezieht sich auf die Position des i-ten Teilchens.

⑫ Nach dieser Ersetzung erkennen wir, dass die rechte Seite der totalen Ableitung der gesamten potenziellen Energie,

$$V = \sum_i V_i(\vec{x}_i) + \sum_{i<j} V_{ij}(\vec{x}_i, \vec{x}_j) ,$$

entspricht. Somit ist die zeitliche Änderung der gesamten kinetischen Energie gleich der negativen, zeitlichen Änderung der gesamten potenziellen Energie. Anders ausgedrückt, die Summe aus gesamter kinetischer Energie und gesamter potenzieller Energie bleibt konstant.

Virialsatz

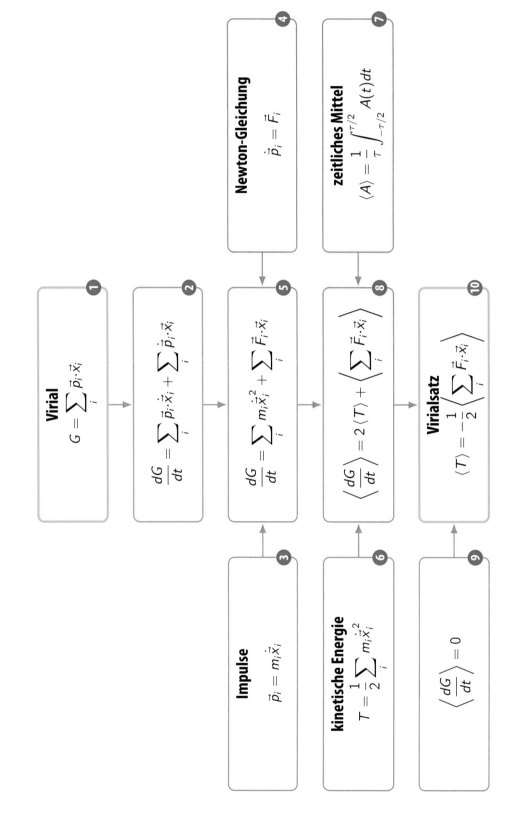

Der Virialsatz verknüpft den zeitlichen Mittelwert der kinetischen Energie mit dem zeitlichen Mittelwert der potenziellen Energie eines abgeschlossenen Systems von Teilchen mit konservativen Kräften.

① Das Virial G eines Systems von N Teilchen ist als Summe der Produkte der Einzelimpulse $\vec{p}_i$ und der Positionen der Teilchen $\vec{x}_i$ definiert.

② Nun betrachten wir die zeitliche Ableitung des Virials und wenden die Produktregel an.

③ ④ ⑤ Wir ersetzen die Impulse durch die Geschwindigkeiten $\dot{\vec{x}}_i$ und mithilfe der Newtonschen Bewegungsgleichungen die zeitliche Ableitung der Impulse mit den Kräften $\vec{F}_i$.

⑥ Der erste Term entspricht der doppelten kinetischen Energie T.

⑦ ⑧ Nun bilden wir auf beiden Seiten den zeitlichen Mittelwert über ein Intervall τ.

⑨ Das zeitliche Mittel der zeitlichen Ableitung des Virials verschwindet in einigen wichtigen Fällen (siehe Beispiele).

⑩ Damit ergibt sich der Virialsatz, der das zeitliche Mittel der kinetischen Energie mit dem zeitlichen Mittel der Skalarprodukte der Kräfte und Positionen ins Verhältnis setzt.

Beispiele:

● Wir betrachten ein Teilchen mit der Masse m, das durch die Gravitationskraft (Seite 149) auf einer geschlossenen Bahn um ein ruhendes Teilchen mit der Masse M gehalten wird. Hier verschwindet der zeitliche Mittelwert des Virials, weil Impuls und Position nach einer Umlaufdauer T dieselben Werte annehmen:

$$\left\langle \frac{dG}{dt} \right\rangle = \frac{1}{T} \int_0^T \frac{dG(t)}{dt}\, dt = \frac{G(T) - G(0)}{T} = 0$$

In diesem Fall ist der Positionsvektor $\vec{x}$ immer parallel zur Gravitationskraft, und damit entspricht das Skalarprodukt von Gravitationskraft und Positionsvektor der potentiellen Energie:

$$\vec{F} \cdot \vec{x} = \left(-G\frac{mM}{|\vec{x}|^3} \vec{x} \right) \cdot \vec{x} = -G\frac{mM}{|\vec{x}|} = V(|\vec{x}|)$$

Also liefert der Virialsatz:

$$\langle T \rangle = -\frac{1}{2} \langle V \rangle$$

● Beim harmonischen Oszillator verschwindet ebenfalls das zeitliche Mittel über eine Periode der Bewegung, weil hier das Virial nach einer Periode wieder den ursprünglichen Wert annimmt. Hier gilt das Hooksche Gesetz $F = -kx$ und damit:

$$\langle T \rangle = k\frac{1}{2} \langle x^2 \rangle = \langle V \rangle$$

Laborsystem und Schwerpunktsystem

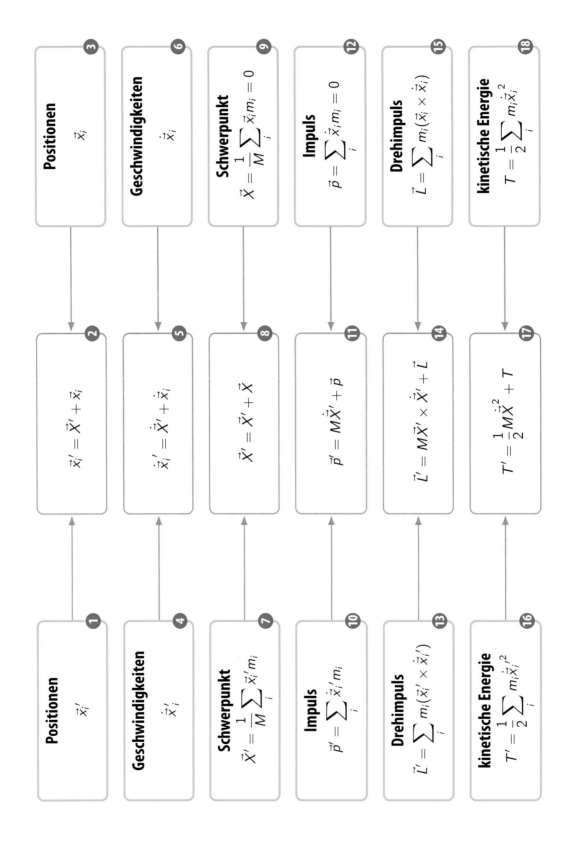

Positionen
$\vec{x}_i$ ③

Geschwindigkeiten
$\dot{\vec{x}}_i$ ⑥

Schwerpunkt
$\vec{X} = \frac{1}{M} \sum_i \vec{x}_i m_i = 0$ ⑨

Impuls
$\vec{p} = \sum_i \dot{\vec{x}}_i m_i = 0$ ⑫

Drehimpuls
$\vec{L} = \sum_i m_i (\vec{x}_i \times \dot{\vec{x}}_i)$ ⑮

kinetische Energie
$T = \frac{1}{2} \sum_i m_i \dot{\vec{x}}_i^2$ ⑱

$\vec{x}_i' = \vec{X}' + \vec{x}_i$ ②

$\dot{\vec{x}}_i' = \dot{\vec{X}}' + \dot{\vec{x}}_i$ ⑤

$\vec{X}' = \vec{X}' + \vec{X}$ ⑧

$\vec{p}' = M\dot{\vec{X}}' + \vec{p}$ ⑪

$\vec{L}' = M\vec{X}' \times \dot{\vec{X}}' + \vec{L}$ ⑭

$T' = \frac{1}{2} M\dot{\vec{X}}'^2 + T$ ⑰

Positionen
$\vec{x}_i'$ ①

Geschwindigkeiten
$\dot{\vec{x}}_i'$ ④

Schwerpunkt
$\vec{X}' = \frac{1}{M} \sum_i \vec{x}_i' m_i$ ⑦

Impuls
$\vec{p}' = \sum_i \dot{\vec{x}}_i' m_i$ ⑩

Drehimpuls
$\vec{L}' = \sum_i m_i (\vec{x}_i' \times \dot{\vec{x}}_i')$ ⑬

kinetische Energie
$T' = \frac{1}{2} \sum_i m_i \dot{\vec{x}}_i'^2$ ⑯

Wir betrachten ein System von Teilchen im Laborbezugssystem sowie im Schwerpunktbezugssystem und diskutieren, wie Gesamtimpuls, Gesamtdrehimpuls und kinetische Energie in den beiden Bezugssystemen zusammenhängen.

①②③ Die Positionsvektoren der Teilchen im Laborsystem $\vec{x}_i'$ und die Positionsvektoren im Schwerpunktsystem unterscheiden sich um den Positionsvektor des Schwerpunkts im Laborsystem $\vec{X}'$, der im Folgenden definiert wird.

④⑤⑥ Der Zusammenhang der Geschwindigkeiten im Laborsystem und im Schwerpunktsystem, $\dot{\vec{x}}_i'$ bzw. $\dot{\vec{x}}_i$, ergibt sich aus dem Zusammenhang der Positionsvektoren durch Ableitung nach der Zeit.

⑦⑧⑨ Der Positionsvektor des Schwerpunkts eines Systems ist definiert als die Summe der Positionsvektoren der Teilchen gewichtet mit den jeweiligen Massen und dividiert durch die Gesamtmasse $M = \sum_i m_i$. Im Schwerpunktsystem ist dieser Vektor $\vec{X}'$ per Definition gleich dem Nullvektor.

⑩⑪⑫ Wir können leicht den Zusammenhang zwischen den Gesamtimpulsen in beiden System ableiten – sie unterscheiden sich um das Produkt von Schwerpunktgeschwindigkeit und der Gesamtmasse.

⑬⑭⑮ Nun betrachten wir den Zusammenhang zwischen dem Gesamtdrehimpuls $\vec{L}$ in den beiden Systemen. Weil Gesamtimpuls und Schwerpunkt im Schwerpunktsystem gleich null sind und damit $\sum_i \vec{x}_i m_i = 0$ bzw. $\sum_i \dot{\vec{x}}_i m_i = 0$ gilt, ergibt sich der angegebene Ausdruck:

$$\vec{L}' = \sum_i m_i(\vec{x}_i' \times \dot{\vec{x}}_i') = \sum_i m_i(\vec{X}' + \vec{x}_i) \times (\dot{\vec{X}}' + \dot{\vec{x}}_i)$$

$$= \sum_i m_i \vec{X}' \times \dot{\vec{X}}' + \sum_i m_i \vec{x}_i \times \dot{\vec{x}}_i$$

⑯⑰⑱ Abschließend leiten wir analog zum Drehimpuls den Zusammenhang zwischen den kinetischen Energien in den beiden Systemen ab.

Beispiel:

Wir untersuchen ein System aus zwei Teilchen mit den Massen m_1 und m_2 und den Positionen $\vec{x}_1'$ und $\vec{x}_2'$. Im Laborsystem ergibt sich der Schwerpunkt als:

$$\vec{X}' = \frac{m_1\vec{x}_1' + m_2\vec{x}_2'}{m_1 + m_2}$$

Damit ergeben sich die Positionen im Schwerpunktsystem:

$$\vec{x}_1 = \vec{x}_1' - \vec{X}' = \frac{m_2}{m_1 + m_2}(\vec{x}_1' - \vec{x}_2')$$
$$\vec{x}_2 = \vec{x}_2' - \vec{X}' = \frac{m_1}{m_1 + m_2}(\vec{x}_2' - \vec{x}_1')$$

Also kann der Zustand des Systems im Schwerpunktsystem mit einem einzigen Vektor $\vec{x} = \vec{x}_1' - \vec{x}_2'$ beschrieben werden:

$$\vec{x}_1 = \frac{m_2}{m_1 + m_2}\vec{x}$$
$$\vec{x}_2 = -\frac{m_1}{m_1 + m_2}\vec{x}$$

Kapitel 3
Starre Körper

Definition eines starren Körpers

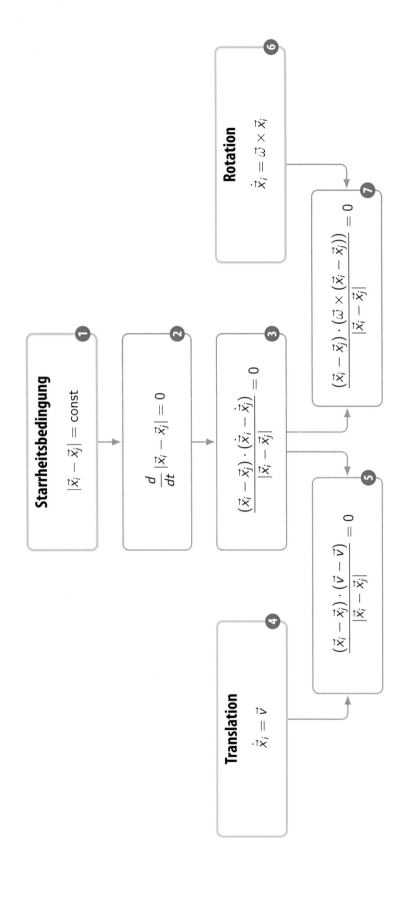

Starrheitsbedingung

1 $\quad |\vec{x}_i - \vec{x}_j| = \text{const}$

2 $\quad \dfrac{d}{dt}|\vec{x}_i - \vec{x}_j| = 0$

3 $\quad \dfrac{(\vec{x}_i - \vec{x}_j) \cdot (\dot{\vec{x}}_i - \dot{\vec{x}}_j)}{|\vec{x}_i - \vec{x}_j|} = 0$

Translation

4 $\quad \dot{\vec{x}}_i = \vec{v}$

5 $\quad \dfrac{(\vec{x}_i - \vec{x}_j) \cdot (\vec{v} - \vec{v})}{|\vec{x}_i - \vec{x}_j|} = 0$

Rotation

6 $\quad \dot{\vec{x}}_i = \vec{\omega} \times \vec{x}_i$

7 $\quad \dfrac{(\vec{x}_i - \vec{x}_j) \cdot (\vec{\omega} \times (\vec{x}_i - \vec{x}_j))}{|\vec{x}_i - \vec{x}_j|} = 0$

Die Starrheit eines Körpers führt auf zwei mögliche fundamentale Bewegungsformen: die Translation und die Rotation.

1 Ein starrer Körper ist ein System von N Teilchen mit den Massen m_i und Positionen $\vec{x}_i$, bei dem die Abstände der einzelnen Teilchen unverändert bleiben. Hier sind i und j Indizes, die jeweils von 1 bis N laufen.

2 3 Anders ausgedrückt, verschwindet die zeitliche Ableitung der Abstände. Durch das Ausführen der Ableitung erhalten wir die angegebenen Bedingungen ✏. Dabei benutzen wir die Definition des Betrags eines Vektors in drei Dimensionen, $|\vec{x}| = \sqrt{\vec{x} \cdot \vec{x}} = \sqrt{x^2 + y^2 + z^2}$, und die Ableitungsregeln, insbesondere:

$$\frac{d\sqrt{a}}{dt} = \frac{1}{2\sqrt{a}}\frac{da}{dt}$$

4 5 Eine Möglichkeit, wie diese Bedingung erfüllt werden kann, ist eine Translation (Verschiebung) aller Teilchen mit derselben Geschwindigkeit $\vec{v}$.

6 7 Eine weitere Möglichkeit ist eine Rotation (Drehung) aller Teilchen mit derselben Winkelgeschwindigkeit $\vec{\omega}$ um dieselbe Rotationsachse (Seite 171). Wir beachten hier, dass folgende Gleichung für zwei Vektoren, $\vec{a}$ und $\vec{b}$, allgemein gilt:

$$\vec{a} \cdot (\vec{b} \times \vec{a}) = 0$$

Anmerkung:

Die Anzahl der Freiheitsgrade eines starren Körpers, also die Zahl der notwendigen Parameter, um seinen Zustand vollständig zu beschreiben, ergibt sich aus folgender Betrachtung: Zur Bestimmung der Position des ersten Teilchens im dreidimensionalen Raum sind drei Zahlen nötig. Die Position des zweiten Teilchens ist durch zwei Koordinaten festgelegt, weil der Abstand durch die Starrheitsbedingungen festgelegt ist. Die Position des dritten Teilchens wird durch nur eine weitere Zahl festgelegt, da der Abstand zu den beiden anderen konstant ist. Die Positionen aller weiteren Teilchen sind dann vollständig durch die Starrheitsbedingungen bestimmt. Insgesamt ergeben sich so sechs Zahlen, die zur Beschreibung der Position und Orientierung eines starren Körpers nötig sind.

Translation eines starren Körpers

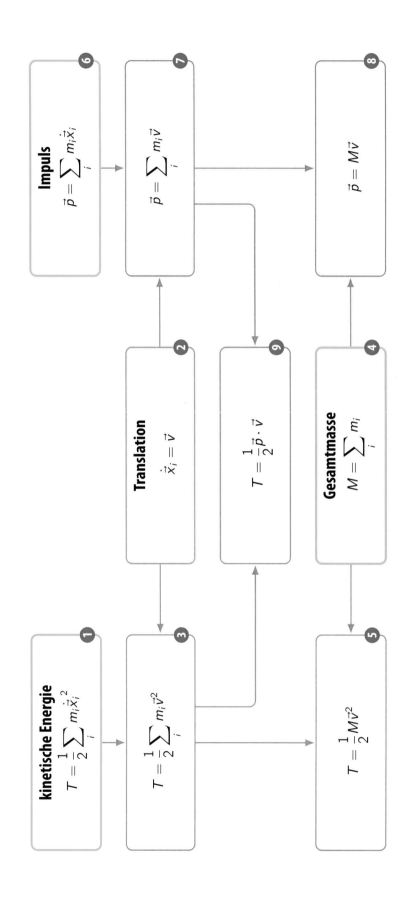

Bei einer Translation eines starren Körpers können der Impuls sowie die kinetische Energie durch die Gesamtmasse und die Translationsgeschwindigkeit ausgedrückt werden.

1 Erster Ausgangspunkt ist die kinetische Energie T eines Systems von N Teilchen mit den Massen m_i, Positionen $\vec{x}_i$ und Geschwindigkeiten $\dot{\vec{x}}_i$. Hier ist i ein Index, der von 1 bis N läuft. Die kinetische Energie des Körpers ist die Summe der kinetischen Energien der Teilchen.

2 Wie auf der vorherigen Seite diskutiert, bewegen sich bei einer Translation eines starren Systems alle Teilchen mit derselben Geschwindigkeit $\vec{v}$.

3 4 5 Mit der Definition der Gesamtmasse M ergibt sich, dass die kinetische Energie des Systems der kinetischen Energie eines einzelnen Teilchens mit der Masse M und der Geschwindigkeit $\vec{v}$ entspricht.

6 Der Impuls des Systems $\vec{p}$ ist die Summe der Impulse der Teilchen.

7 8 Mit der Definition der Gesamtmasse ergibt sich, dass der Impuls des Systems dem Impuls einer einzelnen Masse M mit der Geschwindigkeit $\vec{v}$ entspricht.

9 Die kinetische Energie kann auch durch das Skalarprodukt der Geschwindigkeit und dem Impuls ausgedrückt werden.

Rotation eines starren Körpers

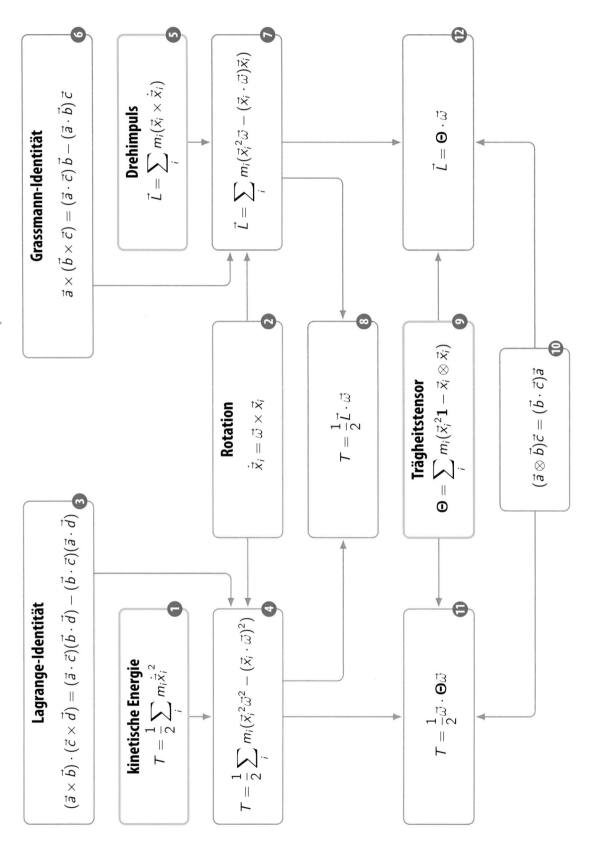

Grassmann-Identität (6)
$$\vec{a} \times (\vec{b} \times \vec{c}) = (\vec{a} \cdot \vec{c})\,\vec{b} - (\vec{a} \cdot \vec{b})\,\vec{c}$$

Drehimpuls (5)
$$\vec{L} = \sum_i m_i (\vec{x}_i \times \dot{\vec{x}}_i)$$

(7)
$$\vec{L} = \sum_i m_i (\vec{x}_i^2 \vec{\omega} - (\vec{x}_i \cdot \vec{\omega})\vec{x}_i)$$

(12)
$$\vec{L} = \Theta \cdot \vec{\omega}$$

Rotation (2)
$$\dot{\vec{x}}_i = \vec{\omega} \times \vec{x}_i$$

(8)
$$T = \frac{1}{2}\vec{L} \cdot \vec{\omega}$$

Trägheitstensor (9)
$$\Theta = \sum_i m_i (\vec{x}_i^2 \mathbf{1} - \vec{x}_i \otimes \vec{x}_i)$$

(10)
$$(\vec{a} \otimes \vec{b})\vec{c} = (\vec{b} \cdot \vec{c})\,\vec{a}$$

Lagrange-Identität (3)
$$(\vec{a} \times \vec{b}) \cdot (\vec{c} \times \vec{d}) = (\vec{a} \cdot \vec{c})(\vec{b} \cdot \vec{d}) - (\vec{b} \cdot \vec{c})(\vec{a} \cdot \vec{d})$$

kinetische Energie (1)
$$T = \frac{1}{2}\sum_i m_i \dot{\vec{x}}_i^2$$

(4)
$$T = \frac{1}{2}\sum_i m_i (\vec{x}_i^2 \vec{\omega}^2 - (\vec{x}_i \cdot \vec{\omega})^2)$$

(11)
$$T = \frac{1}{2}\vec{\omega} \cdot \Theta \vec{\omega}$$

Analog zur Translation eines starren Körpers können bei einer Rotation der Drehimpuls und die kinetische Energie durch die Winkelgeschwindigkeit ausgedrückt werden. Genauso wie die Gesamtmasse ein Maß für die Trägheit des Körpers gegenüber linearer Beschleunigung ist, ist der Trägheitstensor ein Maß für die Trägheit bezüglich einer beschleunigten Drehung um eine Achse.

1 Ausgangspunkt ist wieder die kinetische Energie T eines Systems von N Teilchen mit den Massen m_i, Positionen $\vec{x}_i$ und Geschwindigkeiten $\dot{\vec{x}}_i$. Hier ist i wieder ein Index, der von 1 bis N läuft.

2 Wie auf den vorherigen Seiten gezeigt wurde, bewegen sich bei einer Rotation eines starren Systems alle Teilchen mit derselben Winkelgeschwindigkeit $\vec{\omega}$ um dieselbe Rotationsachse.

3 Die Lagrange-Identität (Seite 159) überführt das Skalarprodukt zweier Vektorprodukte in die Differenz zweier Produkte von Skalarprodukten. Hier sind $\vec{a}$, $\vec{b}$, $\vec{c}$ und $\vec{d}$ allgemeine Vektoren im dreidimensionalen Raum.

4 Mit dieser Identität ergibt sich der angegebene Ausdruck für die kinetische Energie.

5 Der Drehimpuls des Systems $\vec{L}$ ist die Summe der Einzeldrehimpulse.

6 7 Aus dem Zusammenhang zwischen den Geschwindigkeiten der Teilchen und der Grassmann-Identität ergibt sich der angegebene Ausdruck für den Drehimpuls.

8 Der Vergleich der Ausdrücke für T und $\vec{L}$ offenbart einen einfachen Zusammenhang der beiden Größen.

9 Nun führen wir den Trägheitstensor mit dem Tensorprodukt $\otimes$ (Seite 161) und der Einheitsmatrix $\mathbf{1}$ ein.

10 11 12 Mit dieser Definition und dem angegebenen Zusammenhang zwischen dem Tensorprodukt und Skalarprodukt ergeben sich die beiden Ausdrücke für die kinetische Energie und den Drehimpuls. Wichtig an dieser Darstellung ist die Trennung von Positionen und Massen auf der einen Seite und der Winkelgeschwindigkeit auf der anderen Seite.

Kreisel versus Rotator

freier starrer Körper ❶

kein Punkt fest

Freiheitsgrade ❷
3 Rotationsfreiheitsgrade
3 Translationsfreiheitsgrade

kinetische Energie ❸

$$T = \frac{1}{2}Mv^2 + \frac{1}{2}\vec{\omega} \cdot \Theta \cdot \vec{\omega}$$

Drehimpuls ❹

$$\vec{L} = M\vec{x} \times \vec{v} + \Theta \cdot \vec{\omega}$$

Kreisel ❺

ein Punkt fest

Freiheitsgrade ❻
3 Rotationsfreiheitsgrade

kinetische Energie ❼

$$T = \frac{1}{2}\vec{\omega} \cdot \Theta \cdot \vec{\omega}$$

Drehimpuls ❽

$$\vec{L} = \Theta \cdot \vec{\omega}$$

Rotator ❾

eine Achse fest

Freiheitsgrade ❿
1 Rotationsfreiheitsgrad

kinetische Energie ⓫

$$T = \frac{1}{2}J\omega^2$$

Drehimpuls ⓬

$$L = J\omega$$

---

fixierter starrer Körper ⓭

alle Punkte fest

Freiheitsgrade ⓮
keine Freiheitsgrade

kinetische Energie ⓯

$$T = 0$$

Drehimpuls ⓰

$$\vec{L} = 0$$

Abhängig davon, an wie vielen Punkten ein starrer Körper im Raum fixiert ist, ergibt sich eine Reduktion der Freiheitsgrade und damit eine Vereinfachung der Bewegung bzw. der Bewegungsgleichungen.

①② Bei einem freien starren Körper sind keine Punkte fixiert. Damit hat der Körper sechs Freiheitsgrade (siehe Anmerkung auf Seite 39): drei für die Position und drei für die Orientierung.

③④ Die momentane Bewegung eines starren Körpers kann zu einem festen Zeitpunkt in eine Translation des Schwerpunkts und in eine Drehung um eine Achse durch diesen Schwerpunkt zerlegt werden. Damit ergibt sich der angegebene Ausdruck für die kinetische Energie. Hier sind $\vec{v}$ und $\vec{\omega}$ die momentane Translationsgeschwindigkeit bzw. die momentane Winkelgeschwindigkeit sowie M und Θ die Masse bzw. der Trägheitstensor bezogen auf den Schwerpunkt. Auf die gleiche Weise kann auch der Drehimpuls in zwei Anteile zerlegt werden.

⑤ Schränken wir die Bewegungsfreiheit des starren Körpers durch die Fixierung eines Punkts ein, so entsteht ein System, das als Kreisel bezeichnet wird und Rotationen um Achsen durch diesen Punkt vollführen kann.

⑥⑦⑧ Durch den Wegfall der Translationsfreiheitsgrade bleiben nur noch die Rotationsfreiheitsgrade, und die kinetische Energie sowie der Drehimpuls nehmen die angegebene Form an.

⑨ Schränken wir die Bewegungsfreiheit des starren Körpers weiter durch das Festhalten einer Achse (bzw. zweier Punkte) ein, so ergibt sich ein sogenannter Rotator. Die einzig mögliche Bewegung dieses Systems ist eine Rotation um diese Achse.

⑩ Damit hat das System auch nur einen Freiheitsgrad, den Rotationswinkel.

⑪⑫ In diesem Fall ist die kinetische Energie proportional zum Trägheitsmoment J bezogen auf die Rotationsachse und dem Quadrat der Winkelgeschwindigkeit $\omega = |\vec{\omega}|$. Der Zusammenhang zwischen dem Trägheitstensor und dem Trägheitsmoment ist wie folgt gegeben:

$$J = \vec{n}_\omega \cdot \Theta \cdot \vec{n}_\omega$$

Hier ist $\vec{n}_\omega = \vec{\omega}/\omega$, also der Einheitsvektor in Richtung des Winkelgeschwindigkeitsvektors. Der Betrag des Drehimpulses ist hier das Produkt aus Trägheitsmoment und Winkelgeschwindigkeit.

⑬⑭⑮ Zur Vollständigkeit betrachten wir noch den trivialen Fall: Wenn alle Punkte des starren Körpers fixiert sind, hat der Körper keine Freiheitsgrade, und die kinetische Energie sowie der Drehimpuls verschwinden.

Starres System von Teilchen versus starrer kontinuierlicher Körper

11

$$\rho(\vec{x}, t) = \sum_i m_i \delta(\vec{x} - \vec{x}_i)$$

Massendichte **2**

$$\rho(\vec{x}, t) dV$$

Einzelmassen **1**

m_i an der Position $\vec{x}_i$

Gesamtmasse **4**

$$M = \int_V \rho(\vec{x}, t) dV$$

Gesamtmasse **3**

$$M = \sum_i m_i$$

Trägheitstensor **6**

$$\Theta = \int_V \rho(\vec{x}, t) \left(\vec{x}^2 \mathbf{1} - \vec{x} \otimes \vec{x} \right) dV$$

Trägheitstensor **5**

$$\Theta = \sum_i m_i \left(\vec{x}_i^2 \mathbf{1} - \vec{x}_i \otimes \vec{x}_i \right)$$

Schwerpunkt **8**

$$\vec{x}_{SP} = \frac{1}{M} \int_V \vec{x} \rho(\vec{x}, t) dV$$

Schwerpunkt **7**

$$\vec{x}_{SP} = \frac{1}{M} \sum_i m_i \vec{x}_i$$

Definition Starrheit **10**

$$\dot{\rho}(\vec{x}, t) = (\vec{\omega} \times \vec{x}) \cdot \vec{\nabla} \rho(\vec{x}, t)$$

Definition Starrheit **9**

$$\dot{\vec{x}}_i = \vec{\omega} \times \vec{x}_i$$

Auf dieser Seite diskutieren wir den Übergang von einem starren System von diskreten Teilchen hin zu einem starren kontinuierlichen Körper.

①② An die Stelle der Einzelmassen m_i an den Positionen $\vec{x}_i$ tritt im Falle eines kontinuierlichen Körpers die kontinuierliche Massendichte $\rho(\vec{x}, t)$ an der Position $\vec{x}$ multipliziert mit dem infinitesimalen Volumenelement dV. Wir betrachten hier den allgemeinen Fall eines beliebigen Bezugssystems, in dem die Massendichte sich auch zeitlich ändern kann. Für die spezielle Wahl eines körperfesten Bezugssystems wäre die Massendichte zeitunabhängig.

③④ Im Fall des Systems von Teilchen ist die Gesamtmasse als die Summe über die Einzelmassen gegeben. Im kontinuierlichen Fall ist die Gesamtmasse das Integral der Massendichte über das gesamte Volumen V des Körpers.

⑤⑥ Die Verallgemeinerung der Definition des Trägheitstensors ist nun offensichtlich: Ersetzung der Einzelmassen mit der Massendichte, der diskreten Positionen $\vec{x}_i$ mit dem kontinuierlichen Ortsvektor $\vec{x}$ und der Summe mit der Integration.

⑦⑧ Für den Schwerpunkt $\vec{x}_{SP}$ wird aus der mit den Massen gewichteten Summe der Positionen ein mit der Massendichte gewichtetes Integral über den Ortsvektor $\vec{x}$.

⑨⑩ Wie für die Positionen der Teilchen im diskreten Fall kann auch eine Bedingung für die Starrheit der Massendichte formuliert werden.

⑪ Der Übergang von einer kontinuierlichen Massendichte zu einem diskreten System von Teilchen erfolgt mithilfe der Dirac-Funktion.

Trägheitstensor – Translation des Koordinatensystems

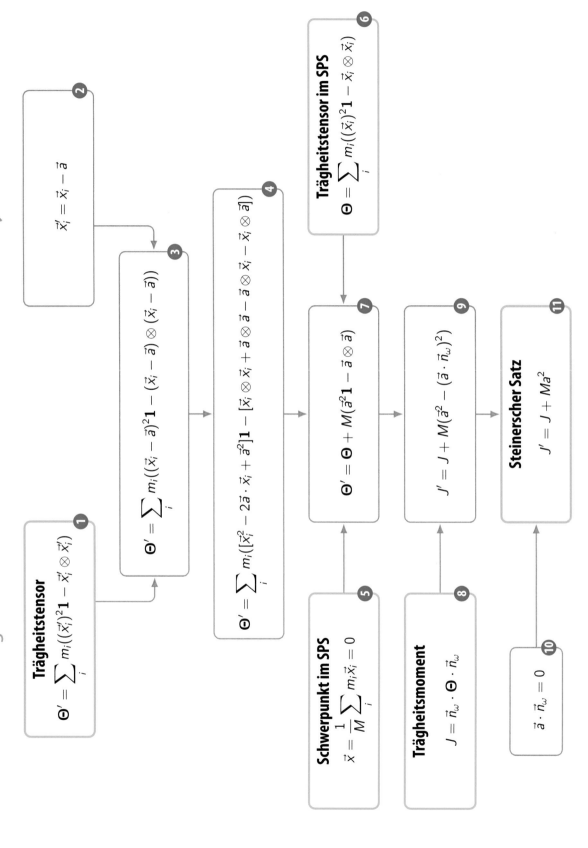

Trägheitstensor

$$\mathbf{1}\quad \Theta' = \sum_i m_i((\vec{x}_i')^2 \mathbf{1} - \vec{x}_i' \otimes \vec{x}_i')$$

$$\mathbf{2}\quad \vec{x}_i' = \vec{x}_i - \vec{a}$$

$$\mathbf{3}\quad \Theta' = \sum_i m_i((\vec{x}_i - \vec{a})^2 \mathbf{1} - (\vec{x}_i - \vec{a}) \otimes (\vec{x}_i - \vec{a}))$$

$$\mathbf{4}\quad \Theta' = \sum_i m_i([\vec{x}_i^2 - 2\vec{a} \cdot \vec{x}_i + \vec{a}^2] \mathbf{1} - [\vec{x}_i \otimes \vec{x}_i + \vec{a} \otimes \vec{a} - \vec{a} \otimes \vec{x}_i - \vec{x}_i \otimes \vec{a}])$$

Trägheitstensor im SPS

$$\mathbf{6}\quad \Theta = \sum_i m_i((\vec{x}_i)^2 \mathbf{1} - \vec{x}_i \otimes \vec{x}_i)$$

$$\mathbf{7}\quad \Theta' = \Theta + M(\vec{a}^2 \mathbf{1} - \vec{a} \otimes \vec{a})$$

Schwerpunkt im SPS

$$\mathbf{5}\quad \vec{x} = \frac{1}{M} \sum_i m_i \vec{x}_i = 0$$

$$\mathbf{9}\quad J' = J + M(\vec{a}^2 - (\vec{a} \cdot \vec{n}_\omega)^2)$$

Trägheitsmoment

$$\mathbf{8}\quad J = \vec{n}_\omega \cdot \Theta \cdot \vec{n}_\omega$$

Steinerscher Satz

$$\mathbf{11}\quad J' = J + Ma^2$$

$$\mathbf{10}\quad \vec{a} \cdot \vec{n}_\omega = 0$$

Der Trägheitstensor hängt vom Bezugssystem, also vom Bezugspunkt und der Wahl der Einheitsvektoren, ab. Hier betrachten wir das Verhalten des Trägheitstensors unter Verschiebung des Bezugspunkts des Koordinatensystems.

1 Ausgangspunkt ist der Trägheitstensor Θ' in einem Koordinatensystem, in dem die Positionen der Teilchen mit $\vec{x}'_i$ beschrieben werden. Hier sind m_i die Massen der Teilchen, $\mathbf{1}$ die Einheitsmatrix in drei Dimensionen und $\otimes$ das Tensorprodukt.

2 Nun nehmen wir an, dass dieses Bezugssystem um den Vektor $\vec{a}$ gegenüber dem Schwerpunktsystem verschoben ist, indem die Positionen mit $\vec{x}_i$ bezeichnet werden.

3 Das Einsetzen des Zusammenhangs zwischen $\vec{x}'_i$ und $\vec{x}_i$ ergibt den angegebenen Ausdruck.

4 Nun multiplizieren wir den Ausdruck aus.

5 6 7 Im nächsten Schritt nutzen wir die namengebende Eigenschaft des Schwerpunktsystems (SPS) aus: Die mit den Massen gewichtete Summe der Ortsvektoren der Teilchen in diesem System verschwindet. Damit verschwinden alle Terme in der Summe, die linear in den Positionen $\vec{x}_i$ sind. Zusammen mit der Definition des Trägheitstensors Θ im Schwerpunktsystem erhalten wir den angegebenen Ausdruck, wobei M die Gesamtmasse der Teilchen ist.

8 Aus dem Trägheitstensor berechnet sich das Trägheitsmoment J bezüglich einer Drehachse mit der Richtung $\vec{n}_\omega$ wie angegeben.

9 Nun nutzen wir den Zusammenhang zwischen Tensorprodukt und Skalarprodukt aus (Seite 161),

$$\vec{a} \cdot (\vec{b} \otimes \vec{c}) \cdot \vec{d} = (\vec{a} \cdot \vec{b})(\vec{c} \cdot \vec{d}),$$

und dass $\vec{n}_\omega$ normiert ist: $\vec{n}_\omega \mathbf{1} \vec{n}_\omega = \vec{n}_\omega^2 = 1$.

10 11 Wenn wir nun eine Verschiebung $\vec{a}$ senkrecht zur Rotationsachse betrachten, so verschwindet das Skalarprodukt von $\vec{n}_\omega$ und $\vec{a}$, und der Zusammenhang zwischen den beiden Trägheitsmomenten vereinfacht sich. Dieser Sachverhalt wird oft als Steinerscher Satz bezeichnet.

Trägheitstensor – Rotation des Koordinatensystems

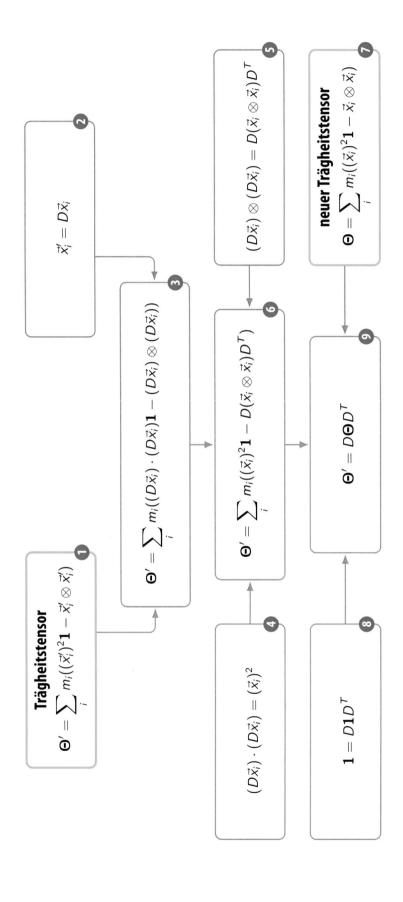

Trägheitstensor

$$\Theta' = \sum_i m_i \left((\vec{x}_i')^2 \mathbf{1} - \vec{x}_i' \otimes \vec{x}_i' \right)$$ ❶

$$\vec{x}_i' = D\vec{x}_i$$ ❷

$$\Theta' = \sum_i m_i \left((D\vec{x}_i) \cdot (D\vec{x}_i) \mathbf{1} - (D\vec{x}_i) \otimes (D\vec{x}_i) \right)$$ ❸

$$(D\vec{x}_i) \cdot (D\vec{x}_i) = (\vec{x}_i)^2$$ ❹

$$(D\vec{x}_i) \otimes (D\vec{x}_i) = D(\vec{x}_i \otimes \vec{x}_i)D^T$$ ❺

$$\Theta' = \sum_i m_i \left((\vec{x}_i)^2 \mathbf{1} - D(\vec{x}_i \otimes \vec{x}_i)D^T \right)$$ ❻

neuer Trägheitstensor

$$\Theta = \sum_i m_i \left((\vec{x}_i)^2 \mathbf{1} - \vec{x}_i \otimes \vec{x}_i \right)$$ ❼

$$\mathbf{1} = D\mathbf{1}D^T$$ ❽

$$\Theta' = D\Theta D^T$$ ❾

Der Trägheitstensor hängt vom Bezugssystem, also vom Bezugspunkt und der Wahl der Einheitsvektoren, ab. Hier betrachten wir das Verhalten des Trägheitstensors unter Drehung des Koordinatensystems.

1 Ausgangspunkt ist wieder der Trägheitstensor Θ' in einem Koordinatensystem, in dem die Positionen der Teilchen mit $\vec{x}_i'$ beschrieben werden. Hier sind m_i die Massen der Teilchen, $\mathbf{1}$ die Einheitsmatrix in drei Dimensionen und $\otimes$ das Tensorprodukt.

2 Nun nehmen wir an, dass dieses Bezugssystem durch eine Rotation um den Koordinatenursprung aus einem anderen System hervorgeht. Hier ist D die Rotationsmatrix.

3 Das Einsetzen ergibt den angegebenen Ausdruck.

4 5 6 Eine Rotation um den Koordinatenursprung ändert den Abstand der Teilchen vom Koordinatenursprung nicht (Seite 167), und das Tensorprodukt verhält sich wie ein Tensor unter Rotation (Seite 173).

7 In einem System vor der Rotation ist der Trägheitstensor wie angegeben definiert.

8 Nun nutzen wir wieder aus, dass $DD^T = \mathbf{1}$ gilt.

9 Somit haben wir bewiesen, dass der Trägheitstensor seinen Namen tatsächlich verdient, und abgeleitet, wie sich der Trägheitstensor durch eine Rotation des Bezugssystems ändert.

Hauptachsentransformation

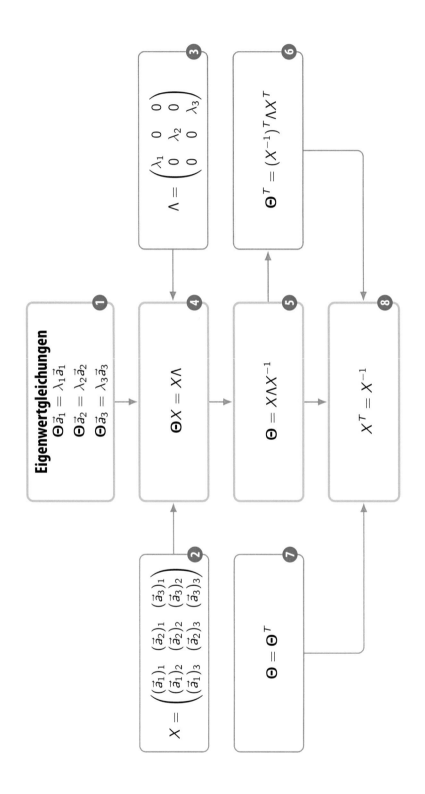

Auf Seite 51 haben wir diskutiert, wie sich der Trägheitstensor unter Rotation verhält. Auf dieser Seite diskutieren wir eine spezielle Rotation in ein Bezugssystem, in dem der Trägheitstensor eine besonders einfache, diagonale Form annimmt:

1 Der Trägheitstensor ist symmetrisch und positiv definit, weil die kinetische Energie T nicht negativ ist und

$$T = \frac{1}{2}\vec{\omega} \cdot \Theta \cdot \vec{\omega}$$

gilt. Eine reelle symmetrische Matrix hat ein orthonormiertes System von Eigenvektoren $\vec{a}_i$ mit positiven Eigenwerten λ_i.

2 3 4 Wir können diese drei Vektorgleichungen in einer Matrixgleichung zusammenfassen, indem wir die drei Vektoren $\vec{x}_i$ als Spalten einer Matrix X auffassen und die Eigenwerte auf der Diagonalen einer Diagonalmatrix Λ anordnen. Die Äquivalenz der Vektorgleichungen und der Matrixgleichung kann mit den bekannten Regeln der Matrizenmultiplikation nachgewiesen werden. ✎

5 Im nächsten Schritt multiplizieren wir die Matrixgleichung mit der Inversen der Matrix X und erhalten die angegebene Gleichung.

6 Nun transponieren wir die Gleichung und beachten, dass das Transponieren eines Matrixprodukts die Reihenfolge der Matrizen umkehrt.

7 8 Im letzten Schritt nutzen wir die Symmetrie des Trägheitstensors und folgern, dass die Transponierte der Matrix X der Inversen der Matrix X entspricht. Dies ist die definierende Eigenschaft einer Drehungsmatrix (Seite 167). Zusammenfassend existiert stets ein Bezugssystem, in dem der Trägheitstensor eine Diagonalform annimmt. Wir bezeichnen dieses Bezugssystem als Hauptachsensystem, die Transformation $\Lambda = X^{-1}\Theta X$ als Hauptachsentransformation und die Eigenwerte λ_i als Hauptachsenmomente.

Beispiel:

Wir betrachten vier Teilchen in der xy-Ebene mit der gleichen Masse m, die sich auf den Ecken eines um den Koordinatenursprung zentrierten Rechtecks befinden:

$$\vec{x}_1 = \begin{pmatrix} a \\ b \\ 0 \end{pmatrix}, \quad \vec{x}_2 = \begin{pmatrix} -a \\ -b \\ 0 \end{pmatrix}, \quad \vec{x}_3 = \begin{pmatrix} b \\ a \\ 0 \end{pmatrix}, \quad \vec{x}_4 = \begin{pmatrix} -b \\ -a \\ 0 \end{pmatrix}$$

Die Seiten des Rechtecks sind um 45° gegen die Koordinatenachsen verkippt. Diese Konfiguration hat einen Trägheitstensor, der offensichtlich keine Diagonalform besitzt:

$$\Theta = \sum_i m_i (\vec{x}_i^2 \mathbf{1} - \vec{x}_i \otimes \vec{x}_i)$$

$$= m \begin{pmatrix} 2(a^2+b^2) & -4ab & 0 \\ -4ab & 2(a^2+b^2) & 0 \\ 0 & 0 & 4(a^2+b^2) \end{pmatrix}$$

Aus den Eigenvektoren und Eigenwerten setzen wir die Matrizen Λ und X zusammen:

$$\Lambda = m \begin{pmatrix} 2(a-b)^2 & 0 & 0 \\ 0 & 2(a+b)^2 & 0 \\ 0 & 0 & 4(a^2+b^2) \end{pmatrix}$$

$$X = \begin{pmatrix} \frac{1}{\sqrt{2}} & -\frac{1}{\sqrt{2}} & 0 \\ \frac{1}{\sqrt{2}} & \frac{1}{\sqrt{2}} & 0 \\ 0 & 0 & 1 \end{pmatrix} = \begin{pmatrix} \cos(45°) & -\sin(45°) & 0 \\ \sin(45°) & \cos(45°) & 0 \\ 0 & 0 & 1 \end{pmatrix}$$

Die Matrix X ist also eine Drehmatrix um 45° um die z-Achse.

Trägheitsmoment einer homogenen Kugel

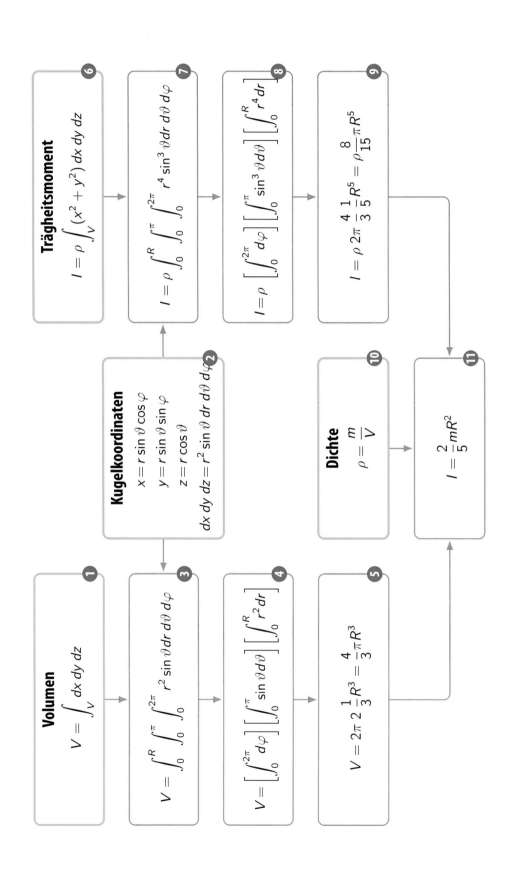

Volumen

$$V = \int_V dx\,dy\,dz$$

1

Kugelkoordinaten

$$x = r\sin\vartheta\cos\varphi$$
$$y = r\sin\vartheta\sin\varphi$$
$$z = r\cos\vartheta$$
$$dx\,dy\,dz = r^2\sin\vartheta\,dr\,d\vartheta\,d\varphi$$

2

Trägheitsmoment

$$I = \rho \int_V (x^2 + y^2)\,dx\,dy\,dz$$

6

$$V = \int_0^R \int_0^\pi \int_0^{2\pi} r^2 \sin\vartheta\,dr\,d\vartheta\,d\varphi$$

3

$$V = \left[\int_0^{2\pi} d\varphi\right]\left[\int_0^\pi \sin\vartheta\,d\vartheta\right]\left[\int_0^R r^2 dr\right]$$

4

$$V = 2\pi\,2\,\frac{1}{3}R^3 = \frac{4}{3}\pi R^3$$

5

$$I = \rho \int_0^R \int_0^\pi \int_0^{2\pi} r^4 \sin^3\vartheta\,dr\,d\vartheta\,d\varphi$$

7

$$I = \rho \left[\int_0^{2\pi} d\varphi\right]\left[\int_0^\pi \sin^3\vartheta\,d\vartheta\right]\left[\int_0^R r^4 dr\right]$$

8

$$I = \rho\,2\pi\,\frac{4}{3}\,\frac{1}{5}R^5 = \rho\,\frac{8}{15}\pi R^5$$

9

Dichte

$$\rho = \frac{m}{V}$$

10

$$I = \frac{2}{5}mR^2$$

11

Als Beispiel für die Berechnung eines Trägheitsmoments betrachten wir hier eine massive homogene Kugel mit einer Drehachse durch den Kugelmittelpunkt. Zur besseren Anschaulichkeit diskutieren wir zuerst die einfachere, aber sehr ähnliche Berechnung des Volumens der Kugel.

1 Der Wert des Volumens V eines allgemeinen Körpers ist das Integral über die Grenzen des Volumens. Hier ist $dV = dx\,dy\,dz$ das Volumenelement in kartesischen Koordinaten. Der Kugelmittelpunkt liegt im Ursprung eines kartesischen Koordinatensystems.

2 3 Da die Kugel sphärische Symmetrie besitzt, bieten sich Kugelkoordinaten an, in denen das Volumenelement die angegebene Form annimmt.

4 Dieses dreidimensionale Integral lässt sich als Produkt aus drei eindimensionalen Integralen darstellen.

5 Das erste Integral ist trivial, und die beiden anderen sind direkt durch elementare Regeln der Integration zu lösen. ✎

6 Das Trägheitsmoment eines allgemeinen homogenen Körpers bezüglich der z-Achse ergibt sich durch das Integral des senkrechten, quadratischen Abstands zur z-Achse $x^2 + y^2$ über die Grenzen des Volumens. Hier ist $dx\,dy\,dz$ wieder das Volumenelement in kartesischen Koordinaten und ρ die konstante Dichte.

7 8 Auch im Fall des Trägheitsmoments vereinfacht der Übergang zu Kugelkoordinaten die Rechnung erheblich, und das dreidimensionale Integral zerfällt in ein Produkt aus drei eindimensionalen Integralen ✎ .

9 Das erste und das letzte Integral lassen sich direkt lösen ✎ . Das Integral über ϑ ist schwieriger und kann z.B. durch partielle Integration berechnet werden:

$$\int_0^\pi \sin^3\vartheta\,d\vartheta = \frac{4}{3}$$

10 Ein homogener Körper hat eine konstante Dichte, die dem Verhältnis von Masse m zu Volumen V entspricht.

11 Abschließend ersetzen wir im Ausdruck für das Trägheitsmoment die Dichte durch die Masse bzw. das Volumen und erhalten so das Trägheitsmoment einer massiven homogenen Kugel bezüglich einer Drehachse durch den Kugelmittelpunkt.

Bezugssysteme eines rotierenden Körpers

① raumfestes System

$$\vec{x}_i = \vec{P}^{RF} + x_i^{RF}\vec{e}_x^{RF} + y_i^{RF}\vec{e}_y^{RF} + z_i^{RF}\vec{e}_z^{RF}$$

② Bedingung

$$\frac{d\vec{e}_x^{RF}}{dt} = 0$$
$$\frac{d\vec{e}_y^{RF}}{dt} = 0$$
$$\frac{d\vec{e}_z^{RF}}{dt} = 0$$

③ Das Bezugssystem ruht.

④

$$\vec{L} = M\vec{x}\times\vec{v} + \Theta\cdot\vec{\omega}$$
$$\vec{p} = M\vec{v}$$

⑤ Bewegungsgleichungen

$$\dot{\vec{L}} = \vec{M}$$
$$\dot{\vec{p}} = \vec{F}$$

---

⑥ Schwerpunktsystem

$$\vec{x}_i = \vec{P}^{SP} + x_i^{SP}\vec{e}_x^{SP} + y_i^{SP}\vec{e}_y^{SP} + z_i^{SP}\vec{e}_z^{SP}$$

⑦ Bedingung

$$\sum_i m_i x_i^{SP} = 0$$
$$\sum_i m_i y_i^{SP} = 0$$
$$\sum_i m_i z_i^{SP} = 0$$

⑧ Der Ursprung des Bezugssystems fällt mit dem Schwerpunkt des Körpers zusammen.

⑨

$$\vec{L} = \Theta\cdot\vec{\omega}$$

⑩ Bewegungsgleichungen

$$\dot{\vec{L}} = \vec{M}$$

---

⑪ körperfestes System

$$\vec{x}_i = \vec{P}^{KS} + x_i^{KS}\vec{e}_x^{KS} + y_i^{KS}\vec{e}_y^{KS} + z_i^{KS}\vec{e}_z^{KS}$$

⑫ Bedingung

$$\frac{dx_i^{KF}}{dt} = 0$$
$$\frac{dy_i^{KF}}{dt} = 0$$
$$\frac{dz_i^{KF}}{dt} = 0$$

⑬ Das Bezugssystem ist fest mit dem Körper verbunden.

⑭

$$\vec{L} = \Theta\cdot\vec{\omega}$$
$$\dot{\Theta} = 0$$

⑮ Bewegungsgleichungen

$$\dot{\vec{L}} + \omega\times\vec{L} = \vec{M}$$

---

⑯ Hauptachsensystem

$$\vec{x}_i = \vec{P}^{HA} + x_i^{HA}\vec{e}_x^{HA} + y_i^{HA}\vec{e}_y^{HA} + z_i^{HA}\vec{e}_z^{HA}$$

⑰ Bedingung

$$\sum_i m_i x_i^{HA} y_i^{HA} = 0$$
$$\sum_i m_i y_i^{HA} z_i^{HA} = 0$$
$$\sum_i m_i x_i^{HA} z_i^{HA} = 0$$

⑱ Die Einheitsvektoren des Bezugssystems zeigen entlang der Hauptachsen des Körpers.

⑲

$$L_i = \Theta_i\omega_i$$
$$\dot{\Theta} = 0$$

⑳ Bewegungsgleichungen

$$\Theta_1\dot{\omega}_1 + (\Theta_3 - \Theta_2)\omega_2\omega_3 = M_1$$
$$\Theta_2\dot{\omega}_2 + (\Theta_1 - \Theta_3)\omega_3\omega_1 = M_2$$
$$\Theta_3\dot{\omega}_3 + (\Theta_2 - \Theta_1)\omega_1\omega_2 = M_3$$

Es gibt vier Klassen von Bezugssystemen, in denen die Bewegung eines starren Körpers beschrieben werden kann.

1 2 3 Das raumfeste System (RF) ist das Bezugssystem einer ruhenden Beobachterin der Bewegung des Körpers. Das heißt, hier sind per Definition die Einheitsvektoren $\vec{e}_{x,y,z}^{\text{RF}}$ zeitlich konstant, und die Massenpunkte des Körpers bewegen sich im Allgemeinen. Dieses Bezugssystem ist ein Inertialsystem, und somit treten keine Scheinkräfte auf.

4 In diesem Bezugssystem setzt sich der Drehimpuls $\vec{L}$ aus einem Anteil der Bewegung des Schwerpunkts $\vec{x}$ und einem Anteil der Rotation des Körpers um eine Achse durch den Schwerpunkt zusammen. Der Impuls $\vec{p}$ ist das Produkt aus der Geschwindigkeit $\vec{v}$ des Schwerpunkts und der Gesamtmasse M.

5 Der Drehimpuls und der Impuls des Körpers ändern sich durch ein wirkendes Drehmoment $\vec{M}$ bzw. eine wirkende Kraft $\vec{F}$ entsprechend der auf Seite 31 abgeleiteten Erhaltungssätze.

6 7 8 In einem Schwerpunktsystem (SP) ruht der Schwerpunkt des Körpers und bildet den Ursprung des Bezugssystems. Dies führt auf die angegebenen Bedingungen an die Koordinaten. Die Ausrichtung der Einheitsvektoren ist durch die Bedingung nicht bestimmt und kann frei gewählt werden. Im Allgemeinen ist dieses Bezugssystem kein Inertialsystem, und es treten Scheinkräfte auf.

9 Weil hier der Schwerpunkt des Körpers im Ursprung des Bezugssystems ruht, hat die Bewegung des Schwerpunkts keinen Anteil am Drehimpuls, und auch der Impuls der Bewegung des Schwerpunkts verschwindet.

10 Also reduzieren sich die Bewegungsgleichungen auf die Beschreibung der Rotation des Körpers um eine Achse durch den Schwerpunkt.

11 12 13 Im körperfesten System (KF) ist die Massenverteilung des Körpers zeitunabhängig. Hier ruht jeder Punkt des Körpers, und somit ändern sich die Koordinaten nicht mit der Zeit.

14 Da auch hier der Schwerpunkt ruht, ist der Drehimpuls der Rotation um den Schwerpunkt die einzige relevante Größe. In einem körperfesten System bleibt zusätzlich dazu der Trägheitstensor konstant.

15 In einem mit dem Körper rotierenden Bezugssystem addiert sich zur eigentlichen zeitlichen Änderung des Drehimpulses die zeitliche Änderung durch die Rotation des Bezugssystems (Seite 23).

16 17 18 Im Hauptträgheitssystem (HA) ist der Trägheitstensor diagonal; damit sind seine Nebendiagonalelemente gleich null.

19 In diesem Bezugssystem sind die Komponenten des Drehimpulses also das Produkt des jeweiligen Hauptträgheitsmoments und der dazugehörigen Komponente des Winkelgeschwindigkeitsvektors.

20 So ergibt sich ein System aus drei nichtlinearen Differenzialgleichungen für die Komponenten des Winkelgeschwindigkeitsvektors, die sogenannten Euler-Gleichungen. M_1, M_2 und M_3 sind die Komponenten des Drehmomentvektors im Hauptachsensystem (siehe auch Seite 61).

Bewegungsgleichungen eines starren Körpers in einem Inertialsystem

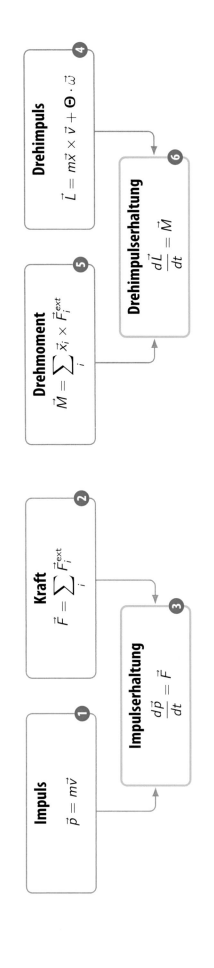

Ein starres System aus Teilchen fällt in die Kategorie der im vorherigen Kapitel besprochenen Systeme mit internen Kräften, die sowohl das starke als auch das schwache dritte Newtonsche Gesetz erfüllen. Damit gelten die Erhaltungssätze für Impuls, Drehimpuls und Energie.

1 Der Impuls eines starren Körpers ist das Produkt aus Schwerpunktgeschwindigkeit $\vec{v}$ und Gesamtmasse m (Seite 41) .

2 Die Gesamtkraft $\vec{F}$ ist die Summe der Kräfte $\vec{F}_i^{\text{ext}}$, die an den einzelnen Teilchen mit den Positionen $\vec{x}_i$ angreifen.

3 Der Impuls und die Gesamtkraft sind durch die Newton-Gleichung bzw. die Impulserhaltung verknüpft.

4 Der Drehimpuls $\vec{L}$ setzt sich aus einem Anteil der Bewegung des Schwerpunkts $\vec{x}$ und einem Anteil der Rotation des Körpers um eine Achse durch den Schwerpunkt zusammen.

5 Das Gesamtdrehmoment $\vec{M}$ ist die Summe der Einzeldrehmomente, die wiederum durch die Vektorprodukte der Teilchenpositionen und der angreifenden Kräfte gegeben sind.

6 Der Drehimpuls und das Gesamtdrehmoment hängen durch die Drehimpulserhaltung miteinander zusammen. Damit ergeben sich die Bewegungsgleichungen für einen starren Körper. Diese Gleichungen gelten im Allgemeinen nur in einem Inertialsystem.

Bewegungsgleichungen eines starren Körpers in einem Hauptachsensystem

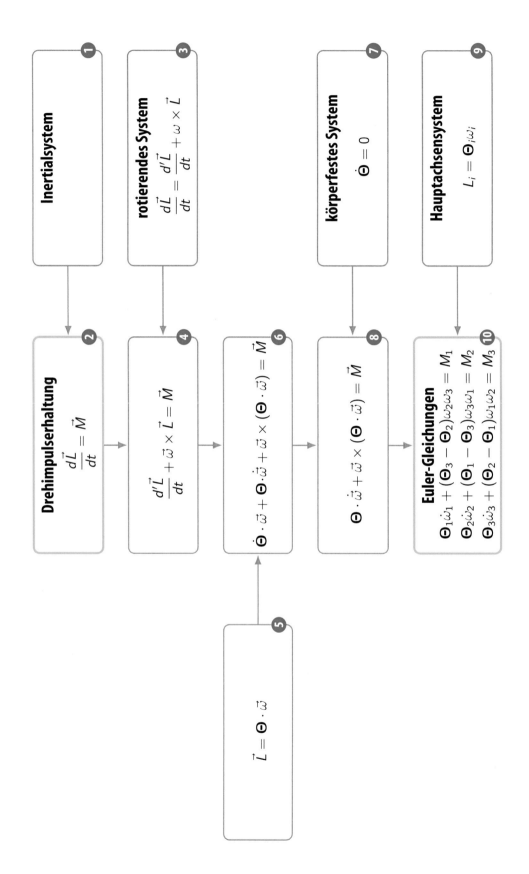

Aus der Erhaltungsgleichung für den Drehimpuls eines starren Körpers in einem Inertialsystem können die Bewegungsgleichungen für die Komponenten des Winkelgeschwindigkeitsvektors in einem Hauptachsensystem abgeleitet werden.

1 2 In einem Inertialsystem ist die zeitliche Ableitung des Drehimpulses $\vec{L}$ eines starren Körpers gleich dem wirkenden Drehmoment $\vec{M}$.

3 4 Eine Beobachterin in einem Bezugssystem, das sich relativ zu dem Inertialsystem mit der Winkelgeschwindigkeit $\vec{\omega}$ dreht, sieht eine Überlagerung der tatsächlichen zeitlichen Änderung des Drehimpulses mit der zeitlichen Änderung, die durch die Drehung entsteht (Seite 23).

5 6 Unabhängig vom Bezugssystem ist der Drehimpuls das Produkt von Trägheitstensor Θ und Winkelgeschwindigkeitsvektor. Im Allgemeinen sind beide zeitabhängig.

7 8 In einem Bezugssystem, das fest mit dem Körper verbunden ist, verschwindet die zeitliche Ableitung des Trägheitstensors.

9 10 Im letzten Schritt nehmen wir an, dass das körperfeste System auch ein Hauptachsensystem ist. In einem Hauptachsensystem ist der Trägheitstensor diagonal, und damit haben die Komponenten des Drehimpulses die angegebene einfache Form. So ergibt sich ein System aus drei nichtlinearen Differenzialgleichungen für die Komponenten des Winkelgeschwindigkeitsvektors, die sogenannten Euler-Gleichungen. M_1, M_2 und M_3 sind die Komponenten des Drehmomentvektors im Hauptachsensystem.

Kräftefreier Kreisel – kugelsymmetrischer versus zylindersymmetrischer

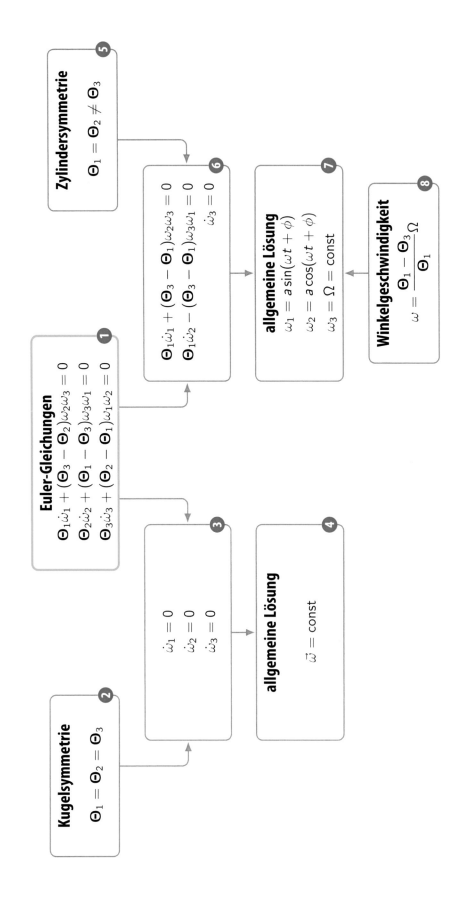

Euler-Gleichungen

$$\Theta_1\dot\omega_1 + (\Theta_3 - \Theta_2)\omega_2\omega_3 = 0$$
$$\Theta_2\dot\omega_2 + (\Theta_1 - \Theta_3)\omega_3\omega_1 = 0$$
$$\Theta_3\dot\omega_3 + (\Theta_2 - \Theta_1)\omega_1\omega_2 = 0$$

①

Kugelsymmetrie

$$\Theta_1 = \Theta_2 = \Theta_3$$

②

$$\dot\omega_1 = 0$$
$$\dot\omega_2 = 0$$
$$\dot\omega_3 = 0$$

③

allgemeine Lösung

$$\vec\omega = \text{const}$$

④

Zylindersymmetrie

$$\Theta_1 = \Theta_2 \neq \Theta_3$$

⑤

$$\Theta_1\dot\omega_1 + (\Theta_3 - \Theta_1)\omega_2\omega_3 = 0$$
$$\Theta_1\dot\omega_2 - (\Theta_3 - \Theta_1)\omega_3\omega_1 = 0$$
$$\dot\omega_3 = 0$$

⑥

allgemeine Lösung

$$\omega_1 = a\sin(\omega t + \phi)$$
$$\omega_2 = a\cos(\omega t + \phi)$$
$$\omega_3 = \Omega = \text{const}$$

⑦

Winkelgeschwindigkeit

$$\omega = \frac{\Theta_1 - \Theta_3}{\Theta_1}\Omega$$

⑧

Die Euler-Gleichungen und damit deren Lösung vereinfachen sich erheblich, wenn der Kreisel zylinder- bzw. kugelsymmetrisch ist.

① Ausgangspunkt sind die Euler-Gleichungen. Sie sind die Bewegungsgleichungen für die Komponenten des Winkelgeschwindigkeitsvektors in einem körperfesten Hauptachsensystem des Kreisels. Hier sind Θ_1, Θ_2 und Θ_3 die Hauptträgheitsmomente sowie ω_1, ω_2 und ω_3 die Komponenten des Winkelgeschwindigkeitsvektors.

②③④ Für einen kugelsymmetrischen Kreisel sind alle drei Hauptträgheitsmomente gleich. Damit nehmen die Euler-Gleichungen eine triviale Form an ✎ und ergeben als Lösung einen zeitunabhängigen Winkelgeschwindigkeitsvektor. Das heißt der Winkelgeschwindigkeitsvektor und auch der Kreisel verharrt in einer durch den Anfangszustand vorgegebenen Drehrichtung.

⑤⑥ Für einen zylindersymmetrischen Kreisel sind zwei Hauptträgheitsmomente gleich, z.B. die Hauptträgheitsmomente bzgl. der x_1- und der x_2-Achse. In diesem Fall ist die Körperachse die x_3-Achse, und die Euler-Gleichungen nehmen die angegebene Form an.

⑦⑧ Aus den letzten Gleichungen folgern wir, dass die dritte Komponente der Winkelgeschwindigkeit konstant ist, und bezeichnen den Wert mit Ω. Die beiden ersten Gleichungen führen auf sinusförmige bzw. kosinusförmige Schwingungen, wie leicht durch Einsetzen überprüft werden kann ✎. Die Amplitude a und der Winkel ϕ ergeben sich aus den Anfangsbedingungen. Der Vektor $\vec{\omega}$ überstreicht also mit der Winkelgeschwindigkeit ω im Hauptachsensystem die Oberfläche eines Kreiskegels der Höhe Ω und des Basiskreisradius a. Dieser Kreiskegel wird auch als Polkegel bezeichnet.

Kräftefreier zylindersymmetrischer Kreisel – Hauptachsensystem versus raumfestes System

Hauptachsensystem

Figurenachse (1)

$$A_1 = 0$$
$$A_2 = 0$$
$$A_3 = 1$$

Winkelgeschwindigkeit (3)

$$\omega_1 = a\sin\left(\omega t + \phi\right) = \sin(\gamma)\sqrt{a^2 + \Omega^2}\sin\left(\omega t + \phi\right)$$
$$\omega_2 = a\cos\left(\omega t + \phi\right) = \sin(\gamma)\sqrt{a^2 + \Omega^2}\cos\left(\omega t + \phi\right)$$
$$\omega_3 = \Omega = \cos(\gamma)\sqrt{A^2 + \Omega^2}$$

Drehimpuls (4)

$$L_1 = \Theta_1\omega_1 = \sin(\vartheta)\sqrt{\Theta_1^2 a^2 + \Theta_3^2\Omega^2}\sin\left(\omega t + \phi\right)$$
$$L_2 = \Theta_1\omega_2 = \sin(\vartheta)\sqrt{\Theta_1^2 a^2 + \Theta_3^2\Omega^2}\cos\left(\omega t + \phi\right)$$
$$L_3 = \Theta_3\omega_3 = \cos(\vartheta)\sqrt{\Theta_1^2 a^2 + \Theta_3^2\Omega^2}$$

Polkegel (2)

$$\tan(\gamma) = \frac{a}{\Omega}$$

Nutationskegel (5)

$$\tan(\vartheta) = \frac{a}{\Omega}\frac{\Theta_1}{\Theta_3}$$

raumfestes System

Figurenachse (9)

$$A_1 = \sin(\vartheta)\sin\left(\omega t + \phi\right)$$
$$A_2 = \sin(\vartheta)\cos\left(\omega t + \phi\right)$$
$$A_3 = \cos(\vartheta)$$

Winkelgeschwindigkeit (7)

$$\omega_1 = \sin(\alpha)\sqrt{a^2 + \Omega^2}\sin\left(\omega t + \phi\right)$$
$$\omega_2 = \sin(\alpha)\sqrt{a^2 + \Omega^2}\cos\left(\omega t + \phi\right)$$
$$\omega_3 = \cos(\alpha)\sqrt{a^2 + \Omega^2}$$

Drehimpuls (6)

$$L_1 = 0$$
$$L_2 = 0$$
$$L_3 = L$$

Spurkegel (8)

$$\alpha = \vartheta - \gamma$$

Auf der vorherigen Seite haben wir die Bewegungsgleichung für den Winkelgeschwindigkeitsvektor eines zylindersymmetrischen Kreisels im Hauptachsensystem gelöst. Auf dieser Seite transformieren wir die Lösung in ein raumfestes Bezugssystem.

❶ Im Hauptachsensystem ist die Körperachse fest. Wir bezeichnen die Richtung der Figurenachse mit $\vec{A}$ und nehmen an, dass sie entlang der z-Achse ausgerichtet ist.

❷❸ Wie auf der vorherigen Seite abgeleitet, überstreicht der Vektor der Winkelgeschwindigkeit $\vec{\omega}$ die Oberfläche eines Polkegels der Höhe Ω und eines Basiskreisradius a. Der Basiskreisradius kann auch durch den halben Öffnungswinkel γ und der Länge der Mantellinie $\sqrt{a^2 + \Omega^2}$ des Polkegels ausgedrückt werden. ✎

❹❺ Im Hauptachsensystem berechnet sich der Drehimpulsvektor $\vec{L}$ aus dem Vektor der Winkelgeschwindigkeit durch komponentenweise Multiplikation mit den Hauptträgheitsmomenten. Der Drehimpulsvektor überstreicht somit ebenfalls einen Kreiskegel, den sogenannten Nutationskegel. Der Nutationskegel hat einen halben Öffnungswinkel von ϑ, einen Basiskreisradius von $\Theta_1 a$ und eine Mantellinienlänge von $\sqrt{\Theta_1^2 a^2 + \Theta_3^2 \Omega^2}$.

❻ Nun betrachten wir die Bewegung im raumfesten System. Weil kein Drehmoment wirkt, ergibt sich aus der Drehimpulserhaltung, dass der Drehimpuls konstant ist. Wir nehmen an, dass er entlang der z-Achse ausgerichtet ist.

❼❽ Auch hier überstreicht der Winkelgeschwindigkeitsvektor einen Kreiskegel, dieses Mal jedoch um den Drehimpulsvektor und mit dem halben Öffnungswinkel $\alpha = \vartheta - \gamma$.

❾ Im Hauptachsensystem rotiert der Drehimpulsvektor um die feste Figurenachse. Also rotiert im raumfesten System die Figurenachse um den festen Drehimpulsvektor. In beiden Fällen schließen der Drehimpulsvektor und die Figurenachse den Winkel θ ein.

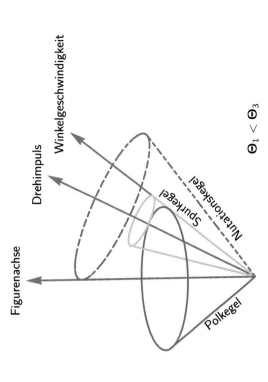

Figurenachse

Drehimpuls

Winkelgeschwindigkeit

Spurkegel

Nutationskegel

Polkegel

$\Theta_1 < \Theta_3$

Kräftefreier asymmetrischer Kreisel

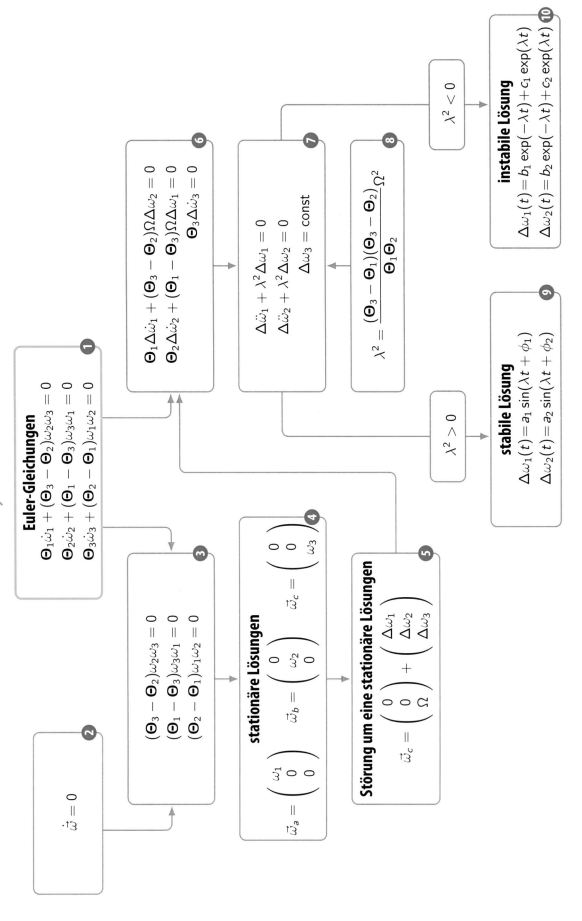

Wir betrachten die Bewegung eines asymmetrischen, kräftefreien Kreisels. Dieser zeichnet sich dadurch aus, dass alle drei Hauptträgheitsmomente unterschiedliche Werte haben und ungleich null sind.

1 Ausgangspunkt sind wieder die Euler-Gleichungen. Hier sind ω_1, ω_2 und ω_3 die Komponenten des Winkelgeschwindigkeitsvektors im Hauptachsensystem und Θ_1, Θ_2 und Θ_3 die Hauptträgheitsmomente des Kreisels.

2 Im ersten Schritt betrachten wir die stationären Lösungen der Euler-Gleichungen, d.h., wir interessieren uns für die Lösungen, bei denen die zeitliche Ableitung des Winkelgeschwindigkeitsvektors verschwindet.

3 Damit vereinfachen sich die Euler-Gleichungen auf die angegebene Form.

4 Neben der trivialen Lösung $\vec{\omega} = 0$ hat das System drei Lösungen, bei denen der Winkelgeschwindigkeitsvektor jeweils parallel zu einer der drei Hauptträgheitsachsen ist.

5 Nun untersuchen wir die Stabilität dieser Lösungen, d.h., wir betrachten kleine Störungen $\Delta\omega_1$ um diese Lösungen und berechnen, wie sich diese entwickeln. Ohne Einschränkung der Allgemeinheit betrachten wir eine Lösung parallel zur dritten Hauptachse mit der Länge Ω.

6 Wenn wir diesen Ansatz in die Euler-Gleichungen einsetzen und nur lineare Terme in den Störungen mitnehmen, so erhalten wir das angegebene System von Gleichungen.

7 8 Die letzte Gleichung hat eine einfache Lösung. Die ersten beiden Gleichungen können durch Einsetzen ineinander entkoppelt werden. λ^2 ist dabei ein Parameter, in den die Hauptträgheitsmomente und der Parameter Ω eingehen. ✎

9 Falls $\lambda^2 > 0$ ist, ergeben sich oszillierende Lösungen, kleine Störungen bleiben klein, und der Vektor der Winkelgeschwindigkeit oszilliert um die Hauptachse. Hier sind a_1, a_2, ϕ_1 und ϕ_2 Konstanten, die sich aus den Anfangsbedingungen ergeben. λ^2 ist positiv, wenn

$$\Theta_3 > \Theta_2 \quad \text{und} \quad \Theta_3 > \Theta_1$$

oder

$$\Theta_3 < \Theta_2 \quad \text{und} \quad \Theta_3 < \Theta_1$$

sind, also für eine Rotation um die Achsen mit dem größten oder mit dem kleinsten Hauptträgheitsmoment.

10 Falls $\lambda^2 < 0$ ist, ergeben sich exponentiell ansteigende bzw. abfallende Lösungen, d.h., kleine Störungen wachsen exponentiell an, der Vektor der Winkelgeschwindigkeit kippt, und die Rotation ist instabil. Die Konstanten b_1, b_2, c_1 und c_2 folgen wieder aus den Anfangsbedingungen. λ^2 ist negativ, wenn

$$\Theta_3 < \Theta_2 \quad \text{und} \quad \Theta_3 > \Theta_1$$

oder

$$\Theta_3 > \Theta_2 \quad \text{und} \quad \Theta_3 < \Theta_1$$

sind. Damit ist die Rotation um die Achse mit dem mittleren Hauptträgheitsmoment instabil.

Kapitel 4
Lagrange–Formalismus

© Springer-Verlag GmbH Deutschland, ein Teil von Springer Nature 2021
M. Wick, *Klassische Mechanik mit Concept-Maps*,
https://doi.org/10.1007/978-3-662-62544-6_4

Potenziale und Zwangsbedingungen

geschwindigkeitsunabhängige Potenziale ❶
sind Funktionen der Koordinaten.

konservative Kräfte ❷
können durch ein Potenzial ausgedrückt werden.

nichtkonservative Kräfte ❸
können nicht durch ein Potenzial ausgedrückt werden.

holonome Zwangsbedingungen ❹
können als Gleichungen zwischen den Koordinaten formuliert werden.

Zwangskräfte ❺
sind die Kräfte, die bewirken, dass ein System die Zwangsbedingungen erfüllt.

nichtholonome Zwangsbedingungen ❻
können nicht als Gleichungen zwischen den Koordinaten formuliert werden.

Zwangsbedingungen sind geometrische Bedingungen, die die freie Bewegung der Teilchen eines Systems einschränken. Genauso wie Potenziale die Bewegung eines Teilchens beeinflussen und zu (Potenzial-)Kräften führen, treten durch Zwangsbedingungen sogenannte Zwangskräfte auf. Wir betrachten hier die Bewegung eines Systems mit einem Teilchen und werden den Formalismus auf den folgenden Seiten erweitern.

1 2 Zu einem konservativen Kraftfeld $\vec{F}(\vec{x})$ kann ein Potenzial $V(\vec{x})$ gefunden werden, sodass das Kraftfeld dem negativen Gradienten dieses Potenzials entspricht:

$$\vec{F}(\vec{x}) = -\vec{\nabla}V(\vec{x})$$

3 Nichtkonservative Kräfte sind Kräfte, die sich nicht aus einem Potenzial ableiten lassen.

4 Holonome Zwangsbedingungen verknüpfen die Teilchenkoordinaten eines Systems und gegebenenfalls die Zeit in Form einer Gleichung:

$$g(\vec{x}) = 0$$

Hier ist $g(\vec{x})$ eine glatte Funktion der Koordinaten. Durch eine solche Zwangsbedingung sind nicht alle Teilchenkoordinaten unabhängig.

5 Wie Potenziale führen auch Zwangsbedingungen auf Kräfte, die sogenannten Zwangskräfte. Diese bewirken, dass die Teilchen die durch die Zwangsbedingungen vorgegebenen Koordinatenbereiche nicht verlassen können. Die Zwangskräfte hängen im Allgemeinen auch von anderen wirkenden Kräften ab, die kompensiert werden müssen, um die Zwangsbedingung zu erfüllen.

6 Nichtholonome Zwangsbedingungen lassen sich nicht als Gleichung schreiben, sondern nur als Ungleichung, z.B.:

$$g(\vec{x}) > 0$$

Beispiele:

• Eine starre Verbindung der Länge a zwischen zwei Teilchen mit den Positionen $\vec{x}_1$ und $\vec{x}_2$ ist eine holonome Zwangsbedingung, weil sich diese Bedingung als Gleichung $|\vec{x}_1 - \vec{x}_2| = a$ formulieren lässt. Zwangskräfte wirken in dieser Konfiguration ausschließlich entlang der Verbindungslinie der beiden Teilchen.

• Die geometrische Einschränkung, dass sich ein Teilchen nur rechts von einer Wand an der Stelle $x = 0$ befinden kann, lässt sich mathematisch nur als Ungleichung $x > 0$ ausdrücken. Damit ist diese Zwangsbedingung nichtholonom, und es kann keine Zwangskraft definiert werden.

• Der Drehwinkel ϕ eines in x-Richtung ohne Rutschen abrollenden Rades mit Radius R hängt mit der Position x der Achse über die Gleichung $x = \phi R$ zusammen. Damit sind die Position x und der Drehwinkel ϕ über eine holonome Zwangsbedingung verknüpft.

D'Alembert-Prinzip für ein Teilchen

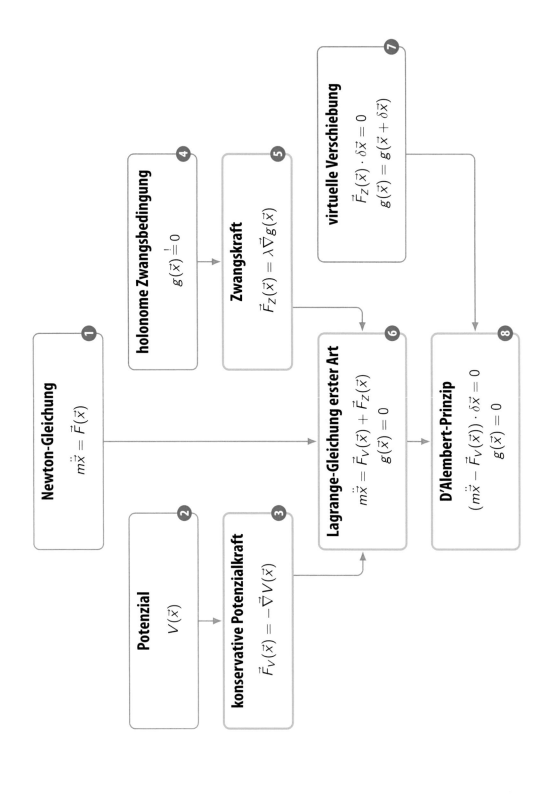

Newton-Gleichung ❶
$$m\ddot{\vec{x}} = \vec{F}(\vec{x})$$

holonome Zwangsbedingung ❹
$$g(\vec{x}) \overset{!}{=} 0$$

Zwangskraft ❺
$$\vec{F}_Z(\vec{x}) = \lambda\vec{\nabla}g(\vec{x})$$

virtuelle Verschiebung ❼
$$\vec{F}_Z(\vec{x}) \cdot \delta\vec{x} = 0$$
$$g(\vec{x}) = g(\vec{x} + \delta\vec{x})$$

Potenzial ❷
$$V(\vec{x})$$

konservative Potenzialkraft ❸
$$\vec{F}_V(\vec{x}) = -\vec{\nabla}V(\vec{x})$$

Lagrange-Gleichung erster Art ❻
$$m\ddot{\vec{x}} = \vec{F}_V(\vec{x}) + \vec{F}_Z(\vec{x})$$
$$g(\vec{x}) = 0$$

D'Alembert-Prinzip ❽
$$(m\ddot{\vec{x}} - \vec{F}_V(\vec{x})) \cdot \delta\vec{x} = 0$$
$$g(\vec{x}) = 0$$

Wir betrachten die Bewegung eines Teilchens in drei Raumdimensionen unter dem Einfluss eines konservativen Kraftfelds und einer holonomen Zwangsbedingung. Für diesen Fall leiten wir aus der Newton-Gleichung die Lagrange-Gleichungen erster Art und das D'Alembert-Prinzip ab.

① Die Newton-Gleichung verknüpft die Beschleunigung $\ddot{\vec{x}}$ eines Teilchens mit der Masse m und der wirkenden Kraft $\vec{F}(\vec{x})$.

② ③ Diese Kraft setzt sich aus zwei Anteilen zusammen. Die erste Kraft $\vec{F}_V(\vec{x})$, wir nehmen an, dass sie konservativ ist, ergibt sich aus dem Gradienten eines Potenzials $V(\vec{x})$.

④ ⑤ Die zweite Kraft $\vec{F}_Z(\vec{x})$ geht auf eine holonome Zwangsbedingung zurück. Eine solche Zwangsbedingung schränkt die mögliche Bewegung des Teilchens ein und kann als Gleichung $g(\vec{x}) = 0$ formuliert werden. Hier ist $g(\vec{x})$ eine glatte Funktion der Koordinaten. Die Erfüllung dieser Zwangsbedingung bedingt das Auftreten einer Zwangskraft. Diese Zwangskraft wirkt immer senkrecht auf der Linie bzw. Fläche, die durch die Zwangsbedingung definiert wird. Die Richtung kann durch den Gradienten gefunden werden, der Betrag ist jedoch zunächst unbestimmt und wird durch λ parametrisiert.

⑥ Zusammen ergeben die drei Komponenten der Newton-Gleichung und die Zwangsbedingung vier Gleichungen für vier Unbekannte, x, y, z und λ. Dieses System wird Lagrange-Gleichungen erster Art genannt.

⑦ Wir definieren nun eine virtuelle Verschiebung $\delta\vec{x}$ als eine infinitesimale, instantane Koordinatenverschiebung zum Zeitpunkt t, die mit der Zwangsbedingung im Einklang ist:

$$g(\vec{x}) = g(\vec{x} + \delta\vec{x})$$

Im nächsten Schritt entwickeln wir die rechte Seite der Gleichung in $\delta\vec{x}$:

$$g(\vec{x}) = g(\vec{x}) + \delta\vec{x} \cdot \vec{\nabla} g(\vec{x})$$

Somit steht die virtuelle Verschiebung senkrecht auf der Zwangskraft:

$$\vec{F}_Z(\vec{x}) \cdot \delta\vec{x} = \lambda \vec{\nabla} g(\vec{x}) \cdot \delta\vec{x} = 0$$

Anders ausgedrückt, verrichtet die virtuelle Verschiebung gegen die Zwangskraft keine Arbeit. Diese Tatsache wird auch Prinzip der virtuellen Arbeit genannt.

⑧ Wenn wir die Newton-Gleichung auf beiden Seiten mit der virtuellen Verschiebung skalar multiplizieren, verschwinden die Zwangskräfte, und wir erhalten das sogenannte D'Alembert-Prinzip. Hier tauchen die Zwangskräfte nicht mehr explizit auf. Jedoch sind die Koordinaten und die virtuelle Verschiebung nicht unabhängig, darum werden in einem nächsten Schritt verallgemeinerte Koordinaten eingeführt.

D'Alembert-Prinzip für ein Teilchen – Beispiel mathematisches Pendel

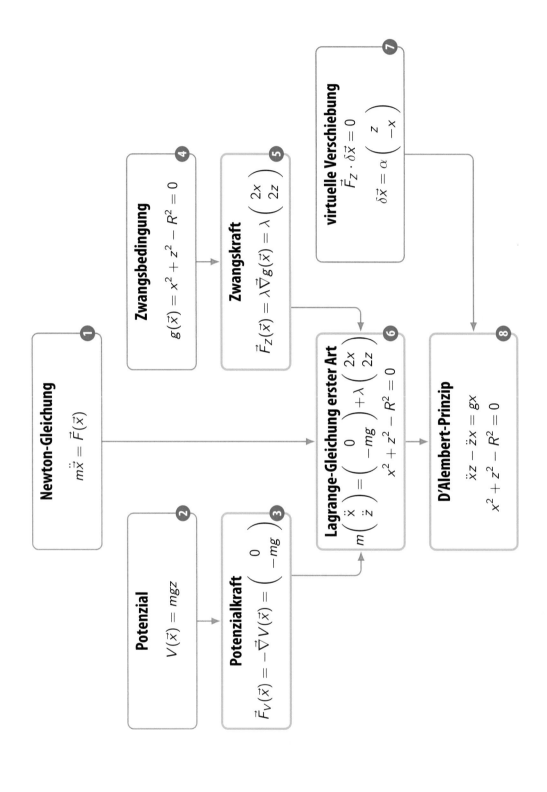

Newton-Gleichung

$m\ddot{\vec{x}} = \vec{F}(\vec{x})$ ①

Zwangsbedingung

$g(\vec{x}) = x^2 + z^2 - R^2 = 0$ ④

Zwangskraft

$\vec{F}_Z(\vec{x}) = \lambda \vec{\nabla} g(\vec{x}) = \lambda \begin{pmatrix} 2x \\ 2z \end{pmatrix}$ ⑤

virtuelle Verschiebung

$\vec{F}_Z \cdot \delta\vec{x} = 0$

$\delta\vec{x} = \alpha \begin{pmatrix} z \\ -x \end{pmatrix}$ ⑦

Potenzial

$V(\vec{x}) = mgz$ ②

Potenzialkraft

$\vec{F}_V(\vec{x}) = -\vec{\nabla} V(\vec{x}) = \begin{pmatrix} 0 \\ -mg \end{pmatrix}$ ③

Lagrange-Gleichung erster Art

$m \begin{pmatrix} \ddot{x} \\ \ddot{z} \end{pmatrix} = \begin{pmatrix} 0 \\ -mg \end{pmatrix} + \lambda \begin{pmatrix} 2x \\ 2z \end{pmatrix}$

$x^2 + z^2 - R^2 = 0$ ⑥

D'Alembert-Prinzip

$\ddot{x}z - \ddot{z}x = gx$

$x^2 + z^2 - R^2 = 0$ ⑧

Als Beispiel für den auf der vorherigen Seite eingeführten Formalismus betrachten wir die Bewegung eines an einem masselosen Faden befestigten Teilchens unter dem Einfluss der Gewichtskraft in der xz-Ebene.

1 Die Beschleunigung $\ddot{\vec{x}}$ eines Teilchens mit der Masse m hängt von der wirkenden Kraft $\vec{F}(\vec{x})$ ab.

2 3 Das Gravitationspotenzial $V(\vec{x})$ ergibt sich aus der Erdbeschleunigung g, der Masse des Pendels m und der Höhe z des Pendels relativ zur Höhe des Aufhängungspunkts $\vec{x}_0 = (0, 0)$. Dieses Gravitationspotenzial führt auf eine konstante Kraft $\vec{F}_V$, die senkrecht nach unten wirkt.

4 5 Das Pendel bewegt sich eingeschränkt durch einen masselosen Faden mit der Länge R auf einer Kreislinie in der xz-Ebene. Wir können diese holonome Zwangsbedingung als Gleichung formulieren. Anschaulich ist klar, dass der gespannte Faden nur eine Kraft entlang der Verbindungslinie zwischen Aufhängungspunkt und dem Pendel ausüben kann. Dies spiegelt sich auch im Ergebnis des Gradienten der Zwangsbedingung wider. Der Betrag der Zwangskraft ist jedoch nicht bestimmt und wird durch den Parameter λ parametrisiert.

6 Die Newton-Gleichung führt zusammen mit der Gravitationskraft und der Zwangskraft bzw. der Zwangsbedingung auf ein System von drei Gleichungen für die drei Unbekannten x, z und λ.

7 Nun betrachten wir die virtuelle Verschiebung $\delta\vec{x}$. Die Zwangskraft steht immer senkrecht auf der virtuellen Verschiebung und ist damit bis auf einen Parameter α bestimmt. Dass sie für eine infinitesimale Verschiebung mit der Zwangsbedingung vereinbar ist, beweisen wir mit einer Entwicklung in α :

$$x^2 + z^2 - R^2 = (x + \alpha z)^2 + (z - \alpha x)^2 - R^2$$
$$= x^2 + 2\alpha xz + z^2 - 2\alpha xz - R^2 + \mathcal{O}(\alpha^2)$$
$$= x^2 + z^2 - R^2$$

8 Durch eine skalare Multiplikation der Newton-Gleichung auf beiden Seiten mit der virtuellen Verschiebung verschwindet die Zwangskraft, und wir erhalten das D'Alembert-Prinzip. Das führt uns auf ein System von zwei Gleichungen für die zwei Unbekannten x und z.

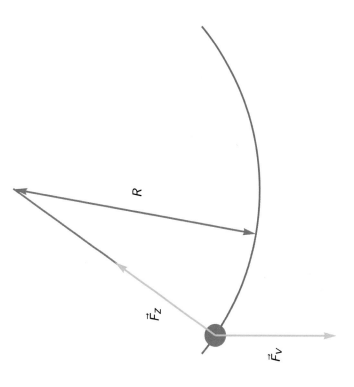

D'Alembert-Prinzip für ein System von Teilchen

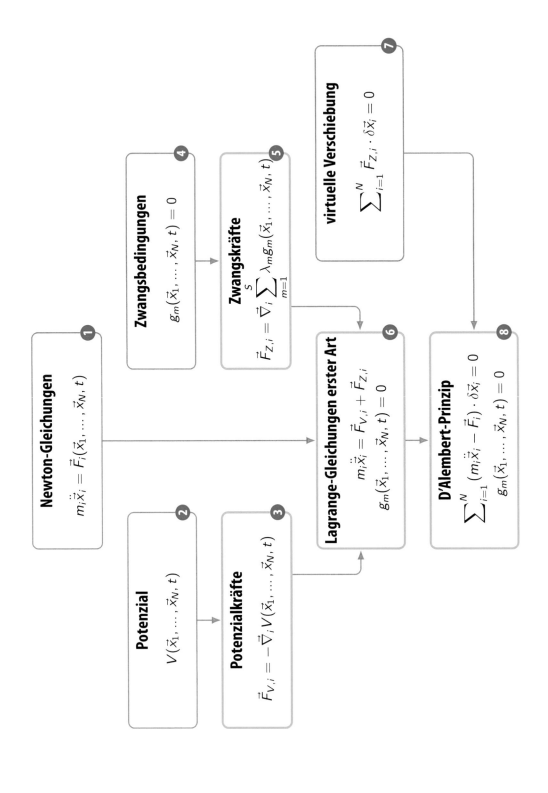

Newton-Gleichungen ①
$$m_i \ddot{\vec{x}}_i = \vec{F}_i(\vec{x}_1, \ldots, \vec{x}_N, t)$$

Zwangsbedingungen ④
$$g_m(\vec{x}_1, \ldots, \vec{x}_N, t) = 0$$

Zwangskräfte ⑤
$$\vec{F}_{Z,i} = \vec{\nabla}_i \sum_{m=1}^{S} \lambda_m g_m(\vec{x}_1, \ldots, \vec{x}_N, t)$$

virtuelle Verschiebung ⑦
$$\sum_{i=1}^{N} \vec{F}_{Z,i} \cdot \delta\vec{x}_i = 0$$

Potenzial ②
$$V(\vec{x}_1, \ldots, \vec{x}_N, t)$$

Potenzialkräfte ③
$$\vec{F}_{V,i} = -\vec{\nabla}_i V(\vec{x}_1, \ldots, \vec{x}_N, t)$$

Lagrange-Gleichungen erster Art ⑥
$$m_i \ddot{\vec{x}}_i = \vec{F}_{V,i} + \vec{F}_{Z,i}$$
$$g_m(\vec{x}_1, \ldots, \vec{x}_N, t) = 0$$

D'Alembert-Prinzip ⑧
$$\sum_{i=1}^{N} \left(m_i \ddot{\vec{x}}_i - \vec{F}_i \right) \cdot \delta\vec{x}_i = 0$$
$$g_m(\vec{x}_1, \ldots, \vec{x}_N, t) = 0$$

Wir verallgemeinern die Herleitung des auf den vorherigen Seiten diskutierten D'Alembert-Prinzips von einem Teilchen mit einer Zwangsbedingung auf ein System von N Teilchen mit S Zwangsbedingungen.

1 Ausgangspunkt sind die N Newton-Gleichungen für ein System von N Teilchen. Hier ist i ein Index der Teilchen, und m_i sind die dazugehörigen Massen. Die wirkende Kraft $\vec{F}_i$ auf das i-te Teilchen hängt von den Positionen der restlichen Teilchen ab.

2 3 Wie im Fall eines Teilchens setzen sich die Kräfte $\vec{F}_i$ aus zwei Arten von Kräften zusammen. Die ersten Kräfte $\vec{F}_{V,i}$ ergeben sich aus den Gradienten eines Potenzials $V(\vec{x}_1, \ldots, \vec{x}_N, t)$. Das Potenzial hängt im Allgemeinen von den Positionen aller Teilchen ab, und der Gradient $\vec{\nabla}_i$ bezieht sich auf die Koordinaten des i-ten Teilchens.

4 5 Die zweiten Kräfte $\vec{F}_{Z,i}(\vec{x}_1, \ldots, \vec{x}_N, t)$ gehen auf holonome Zwangsbedingungen zurück. Hier bezeichnet der Index m eine der S Zwangsbedingungen. Die Erfüllung dieser Zwangsbedingungen bedingt das Auftreten der Zwangskräfte. Diese Zwangskräfte wirken immer senkrecht zu der Fläche, die durch die Zwangsbedingungen definiert wird. Die Richtung kann wie bei dem Potenzial durch den Gradienten gefunden werden, der Betrag ist jedoch zunächst unbestimmt und wird durch λ_m parametrisiert.

6 So erhalten wir die Lagrange-Gleichungen erster Art. Sie bilden ein System von $3N + S$ Gleichungen für $3N$ Koordinaten und die S Parameter λ_m.

7 Wir definieren nun die virtuellen Verschiebungen $\delta\vec{x}_i$ als infinitesimale, instantane Koordinatenverschiebungen zum Zeitpunkt t, die mit den Zwangsbedingungen im Einklang sind und somit senkrecht auf den Zwangskräften stehen.

8 Wir bilden nun die Summe der Skalarprodukte der virtuellen Verschiebungen und der Newtonschen Bewegungsgleichung. So verschwinden die Zwangskräfte, und wir erhalten das D'Alembert-Prinzip für ein System mit mehreren Teilchen und Zwangsbedingungen. Jedoch sind die Koordinaten und virtuellen Verschiebungen wieder nicht unabhängig, darum werden in einem nächsten Schritt verallgemeinerte Koordinaten eingeführt.

D'Alembert-Prinzip und Lagrange-Gleichungen, Teil 1

Zwangsbedingungen **(2)**

$$g_m(\vec{x}_1, \ldots, \vec{x}_N, t) = 0 \quad m = 1, \ldots, S$$

Zwangsbedingungen **(5)**

$$0 = 0 \quad m = 1, \ldots, S$$

kartesische Koordinaten **(1)**

$$\vec{x}_i \quad i = 1, \ldots, N$$

$$\vec{x}_i(q_1, \ldots, q_{3N-S}, t) \quad \textbf{(4)}$$

verallgemeinerte Koordinaten **(3)**

$$q_k \quad k = 1, \ldots, 3N - S$$

D'Alembert-Prinzip **(6)**

$$\sum_{i=1}^{N} (m_i \ddot{\vec{x}}_i - F_i) \cdot \delta \vec{x}_i = 0$$

$$\delta \vec{x}_i = \sum_{k=1}^{3N-S} \frac{\partial \vec{x}_i}{\partial q_k} \delta q_k \quad \textbf{(7)}$$

Lagrange-Gleichungen **(8)**

$$\frac{d}{dt} \frac{\partial L}{\partial \dot{q}_k} - \frac{\partial L}{\partial q_k} = 0$$

kartesische Impulse **(9)**

$$\vec{p}_i = m_i \dot{\vec{x}}_i \quad i = 1, \ldots, N$$

verallgemeinerte Impulse **(10)**

$$p_k = \frac{\partial L}{\partial \dot{q}_k} \quad k = 1, \ldots, 3N - S$$

$\delta \vec{x}_i$ sind nicht unabhängig.

δq_k sind unabhängig.

Das D'Alembert-Prinzip ist nicht für ein effizientes Aufstellen der Bewegungsgleichungen geeignet, weil die Koordinaten der Teilchen eines Systems durch die Zwangsbedingungen nicht mehr unabhängig sind. Durch das Einführen eines minimalen Systems von unabhängigen Koordinaten, den sogenannten verallgemeinerten Koordinaten, entkoppeln die Gleichungen im D'Alembert-Prinzip. Dieses Vorgehen führt auf die Lagrange-Gleichungen des Systems.

1 Wir betrachten ein System von N Teilchen in drei Raumdimensionen an den Positionen $\vec{x}_i$.

2 Durch S holonome Zwangsbedingungen g_m reduziert sich die Zahl der unabhängigen Freiheitsgrade auf $3N - S$.

3 Um diese Freiheitsgrade zu beschreiben, führen wir $3N - S$ verallgemeinerte Koordinaten q_k ein.

4 Die ursprünglichen kartesischen Koordinaten können durch die verallgemeinerten Koordinaten ausgedrückt werden.

5 Da die verallgemeinerten Koordinaten so gewählt wurden, dass sie mit den Zwangsbedingungen verträglich sind, sind diese trivial erfüllt.

6 7 8 Die virtuellen Verschiebungen in verallgemeinerten Koordinaten δq_i sind im Gegensatz zu den virtuellen Verschiebungen in kartesischen $\delta \vec{x}_i$ unabhängig, weil diese nicht durch Zwangsbedingungen verknüpft sind. Der Übergang zu verallgemeinerten Koordinaten überführt das D'Alembert-Prinzip in die sogenannten Lagrange-Gleichungen zweiter Art. Die detaillierte Ausführung dieses Übergangs und eine Definition der auftretenden Lagrange-Funktion L folgen auf der nächsten Seite.

9 10 Analog zu den kartesischen Impulsen $\vec{p}_i$ ergeben sich im Lagrange-Formalismus verallgemeinerte Impulse p_k, die als die partiellen Ableitungen der Lagrange-Funktion nach den verallgemeinerten Geschwindigkeiten $\dot{q}_i$ definiert sind.

Beispiel:

Auf Seite 75 haben wir mit dem D'Alembert-Prinzip die Bewegungsgleichung für das mathematische Pendel in kartesischen Koordinaten abgeleitet:

$$\ddot{x}z - \ddot{z}x = gx$$

Durch die Zwangsbedingung $x^2 + z^2 - R^2 = 0$ sind x und z nicht unabhängig. Wir wählen deshalb als verallgemeinerte Koordinate den Winkel φ zwischen dem Faden und der Vertikalen.

$$x = R\sin\varphi$$
$$z = -R\cos\varphi$$

Wegen $\sin^2(\varphi) + \cos^2(\varphi) = 1$ ist die Zwangsbedingung immer erfüllt. Durch Einsetzen dieser Ausdrücke für x und y in das D'Alembert-Prinzip erhalten wir eine Bewegungsgleichung für den Winkel φ:

$$g\sin\varphi + R\ddot{\varphi} = 0$$

Der Lagrange-Formalismus bietet einen Weg, solche Bewegungsgleichungen für die verallgemeinerten Koordinaten direkt, ohne Umweg über die Bewegungsgleichungen in kartesischen Koordinaten, abzuleiten.

D'Alembert-Prinzip und Lagrange-Gleichungen, Teil 2

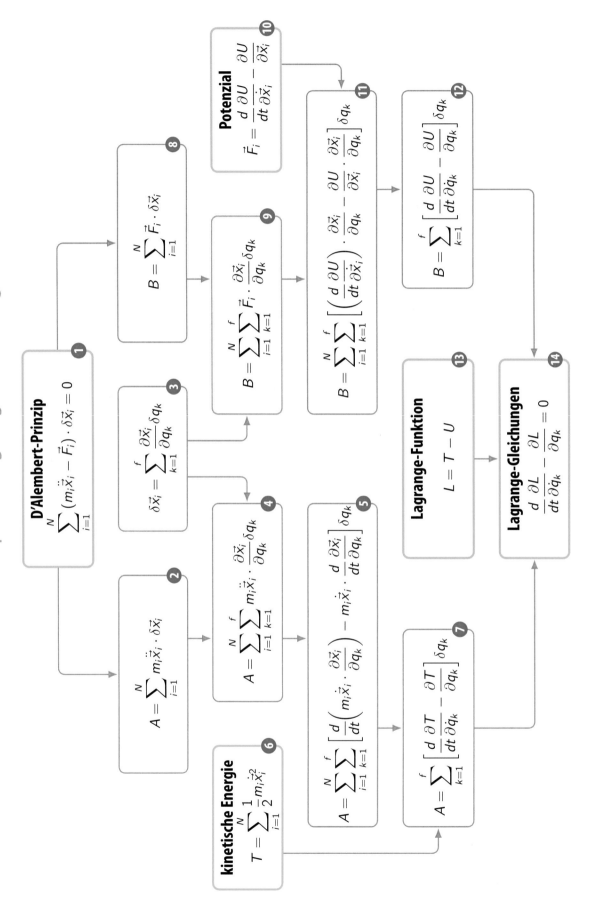

D'Alembert-Prinzip ❶
$$\sum_{i=1}^{N}\left(m_i\ddot{\vec{x}}_i - \vec{F}_i\right)\cdot\delta\vec{x}_i = 0$$

❷
$$A = \sum_{i=1}^{N} m_i\ddot{\vec{x}}_i\cdot\delta\vec{x}_i$$

❸
$$\delta\vec{x}_i = \sum_{k=1}^{f}\frac{\partial\vec{x}_i}{\partial q_k}\delta q_k$$

❹
$$A = \sum_{i=1}^{N}\sum_{k=1}^{f} m_i\ddot{\vec{x}}_i\cdot\frac{\partial\vec{x}_i}{\partial q_k}\delta q_k$$

❺
$$A = \sum_{i=1}^{N}\sum_{k=1}^{f}\left[\frac{d}{dt}\left(m_i\dot{\vec{x}}_i\cdot\frac{\partial\vec{x}_i}{\partial q_k}\right) - m_i\dot{\vec{x}}_i\cdot\frac{d}{dt}\frac{\partial\vec{x}_i}{\partial q_k}\right]\delta q_k$$

kinetische Energie ❻
$$T = \sum_{i=1}^{N}\frac{1}{2}m_i\dot{\vec{x}}_i^2$$

❼
$$A = \sum_{k=1}^{f}\left[\frac{d}{dt}\frac{\partial T}{\partial\dot{q}_k} - \frac{\partial T}{\partial q_k}\right]\delta q_k$$

❽
$$B = \sum_{i=1}^{N}\vec{F}_i\cdot\delta\vec{x}_i$$

❾
$$B = \sum_{i=1}^{N}\sum_{k=1}^{f}\vec{F}_i\cdot\frac{\partial\vec{x}_i}{\partial q_k}\delta q_k$$

Potenzial ❿
$$\vec{F}_i = \frac{d}{dt}\frac{\partial U}{\partial\dot{\vec{x}}_i} - \frac{\partial U}{\partial\vec{x}_i}$$

⓫
$$B = \sum_{i=1}^{N}\sum_{k=1}^{f}\left[\left(\frac{d}{dt}\frac{\partial U}{\partial\dot{\vec{x}}_i}\right)\cdot\frac{\partial\vec{x}_i}{\partial q_k} - \frac{\partial U}{\partial\vec{x}_i}\cdot\frac{\partial\vec{x}_i}{\partial q_k}\right]\delta q_k$$

⓬
$$B = \sum_{k=1}^{f}\left[\frac{d}{dt}\frac{\partial U}{\partial\dot{q}_k} - \frac{\partial U}{\partial q_k}\right]\delta q_k$$

Lagrange-Funktion ⓭
$$L = T - U$$

Lagrange-Gleichungen ⓮
$$\frac{d}{dt}\frac{\partial L}{\partial\dot{q}_k} - \frac{\partial L}{\partial q_k} = 0$$

Wir leiten aus dem D'Alembert-Prinzip die Lagrange-Gleichungen ab.

1 Ausgangspunkt ist das D'Alembert-Prinzip für N Teilchen in drei Dimensionen in kartesischen Koordinaten und mit S Zwangsbedingungen. Damit hat das System $f = 3N − S$ unabhängige Freiheitsgrade. $\vec{x}_i$ und m_i sind die Positionen bzw. die Massen der Teilchen, $\delta\vec{x}_i$ sind die virtuellen Verschiebungen und $\vec{F}_i$ die externen Kräfte auf die Teilchen.

2 Zunächst betrachten wir den ersten der beiden Terme, den wir mit A bezeichnen.

3 4 Die virtuelle Verschiebung in den kartesischen Koordinaten $\delta\vec{x}_i$ kann durch die virtuelle Verschiebung in verallgemeinerten Koordinaten δq_k ausgedrückt werden. Die Zahl der Freiheitsgrade f entspricht der Zahl der verallgemeinerten Koordinaten.

5 Wir stellen die Gleichung mithilfe der Produktregel der Ableitung um.

6 Die kinetische Energie T des Systems ist die Summe der kinetischen Energien der einzelnen Teilchen.

7 Nun formen wir die beiden Terme in A um und erkennen den Zusammenhang mit der kinetischen Energie (Zum „Kürzen" der Zeitableitung siehe Hinweis auf Seite 83):

$$m_i\ddot{\vec{x}}_i \cdot \frac{\partial\vec{x}_i}{\partial q_k} = m_i\ddot{\vec{x}}_i \cdot \frac{\partial\dot{\vec{x}}_i}{\partial \dot{q}_k} = \frac{\partial}{\partial q_k}\left(\frac{1}{2}m_i\dot{\vec{x}}_i^2\right)$$

$$m_i\ddot{\vec{x}}_i \cdot \frac{d}{dt}\frac{\partial\vec{x}_i}{\partial q_k} = m_i\ddot{\vec{x}}_i \cdot \frac{\partial\dot{\vec{x}}_i}{\partial q_k} = \frac{\partial}{\partial q_k}\left(\frac{1}{2}m_i\dot{\vec{x}}_i^2\right)$$

8 Im nächsten Schritt betrachten wir den zweiten Term des D'Alembert-Prinzips, den wir mit B bezeichnen.

9 Auch hier können die virtuellen Verschiebungen in kartesischen Koordinaten durch die virtuellen Verschiebungen in verallgemeinerten Koordinaten ausgedrückt werden. Die folgenden Größen werden oft auch als verallgemeinerte Kräfte bezeichnet:

$$Q_k = \sum_{i=1}^{N}\vec{F}_i \cdot \frac{\partial\vec{x}_i}{\partial q_k}$$

10 11 Wir drücken die Kraft durch das Potenzial U aus. Hier handelt es sich um eine Verallgemeinerung des Zusammenhangs zwischen Kraft und Potenzial für den Fall einer Geschwindigkeitsabhängigkeit.

12 Durch Umformen und Anwenden der partiellen Ableitung bringen wir die Terme auf die angegebene Form:

$$\sum_{i=1}^{N}\frac{\partial U}{\partial\dot{\vec{x}}_i}\cdot\frac{\partial\dot{\vec{x}}_i}{\partial q_k} = \frac{\partial U}{\partial q_k}$$

$$\sum_{i=1}^{N}\left(\frac{d}{dt}\frac{\partial U}{\partial\dot{\vec{x}}_i}\right)\cdot\frac{\partial\dot{\vec{x}}_i}{\partial q_k} = \sum_{i=1}^{N}\left(\frac{d}{dt}\frac{\partial U}{\partial\dot{\vec{x}}_i}\right)\cdot\frac{\partial\dot{\vec{x}}_i}{\partial \dot{q}_k} = \frac{d}{dt}\frac{\partial U}{\partial\dot{q}_k}$$

13 14 Nun definieren wir die Lagrange-Funktion L als Differenz der kinetischen Energie und des Potenzials und kombinieren A und B. Da die virtuellen Verschiebungen in verallgemeinerten Koordinaten δq_k unabhängig sind, müssen die Vorfaktoren einzeln verschwinden. So erhalten wir die Lagrange-Gleichungen des Systems.

Koordinatentransformation

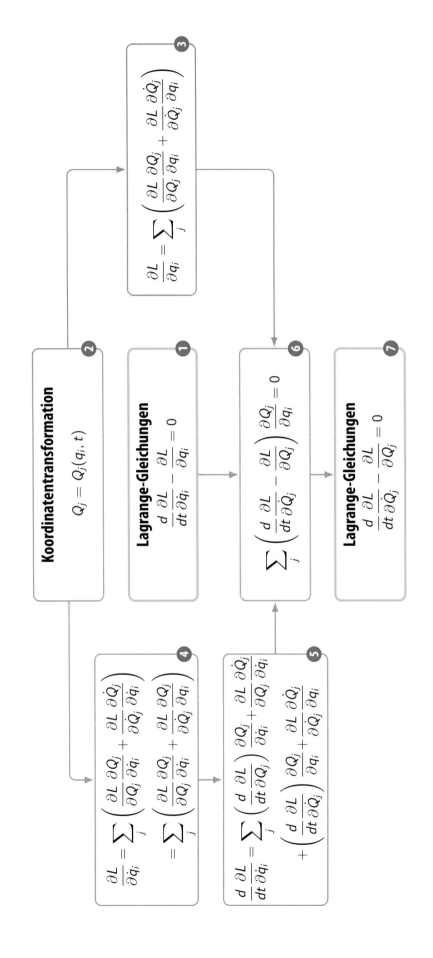

Wir beweisen die Invarianz der Lagrange-Gleichungen unter Koordinatentransformationen.

① Wir beginnen mit den Lagrange-Gleichungen für ein System mit N Freiheitsgraden. Hier sind L die Lagrange-Funktion, t die Zeit, q_i die verallgemeinerten Koordinaten und $\dot{q}_i$ die verallgemeinerten Geschwindigkeiten für den i-ten Freiheitsgrad.

② Bei einer allgemeinen Koordinatentransformation können die neuen Koordinaten Q_j als Funktionen der alten Koordinaten q_i und der Zeit dargestellt werden. Die Anzahl der neuen und alten Koordinaten soll gleich und die Transformation invertierbar sein.

③ Im ersten Schritt betrachten wir, wie sich der zweite Term der Lagrange-Gleichungen unter der Koordinatentransformation verhält. Dafür nutzen wir die Kettenregel der Ableitung. Wichtig ist hier, dass wir die verallgemeinerten Koordinaten und die verallgemeinerten Geschwindigkeiten als unabhängige Variablen betrachten.

④ Im nächsten Schritt betrachten wir den ersten Term der Lagrange-Gleichungen. Wieder nutzen wir die Kettenregel der Ableitung. In der zweiten Zeile haben wir die Zeitableitungen "gekürzt"(Hinweis).

⑤ Nun leiten wir das Ergebnis nach der Zeit ab, wenden die Produktregel der Ableitung an und beachten, dass die Ableitungen nach der Zeit t und den alten Geschwindigkeiten $\dot{q}_j$ vertauschen.

⑥ Setzen wir nun die beiden transformierten Terme in die alten Lagrange-Gleichungen ein, so heben sich vier Terme gegenseitig auf, und wir erhalten den angegebenen Ausdruck. ✏️

⑦ Weil die verallgemeinerten Koordinaten unabhängig sind, müssen die Summenglieder gleich null sein. Damit haben wir bewiesen, dass die Lagrange-Gleichungen in allen durch eine Koordinatentransformation verbundenen Koordinatensystemen die gleiche Form haben.

Hinweis:

Wir betrachten die zeitliche Ableitung einer Funktion $Q = Q(q, t)$, die von q und t abhängt sowie die zeitliche Ableitung der dazugehörigen Umkehrfunktion $q = q(Q, t)$:

$$\dot{Q} = \frac{\partial Q}{\partial t} + \frac{\partial Q}{\partial q}\frac{\partial q}{\partial t}, \qquad \dot{x} = \frac{\partial q}{\partial t} + \frac{\partial q}{\partial Q}\frac{\partial Q}{\partial t}$$

Nun kombinieren wir beide Gleichungen:

$$\dot{Q} = \frac{\partial Q}{\partial t} + \frac{\partial Q}{\partial q}\left(\dot{q} - \frac{\partial q}{\partial Q}\frac{\partial Q}{\partial t}\right)$$

Weil für zueinander inverse Funktionen die Umkehrregel der Differentialrechnung gilt

$$\frac{\partial Q}{\partial q}\frac{\partial q}{\partial Q} = 1$$

erhalten wir:

$$\dot{Q} = \frac{\partial Q}{\partial q}\dot{q}$$

Die Ableitung des Ausdrucks nach $\dot{q}$ führt auf den Zusammenhang

$$\frac{\partial \dot{Q}}{\partial \dot{q}} = \frac{\partial Q}{\partial q}.$$

Noether-Theorem – Zeittransformation

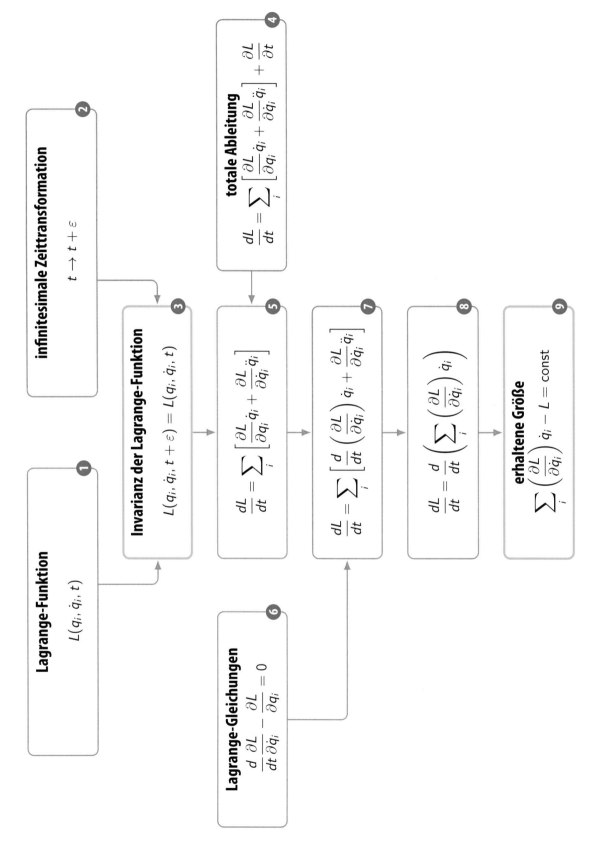

Lagrange-Funktion ❶

$L(q_i, \dot{q}_i, t)$

infinitesimale Zeittransformation ❷

$t \to t + \varepsilon$

totale Ableitung ❹

$\dfrac{dL}{dt} = \sum_i \left[\dfrac{\partial L}{\partial q_i} \dot{q}_i + \dfrac{\partial L}{\partial \dot{q}_i} \ddot{q}_i \right] + \dfrac{\partial L}{\partial t}$

Invarianz der Lagrange-Funktion ❸

$L(q_i, \dot{q}_i, t + \varepsilon) = L(q_i, \dot{q}_i, t)$

❺

$\dfrac{dL}{dt} = \sum_i \left[\dfrac{\partial L}{\partial q_i} \dot{q}_i + \dfrac{\partial L}{\partial \dot{q}_i} \ddot{q}_i \right]$

❼

$\dfrac{dL}{dt} = \sum_i \left[\dfrac{d}{dt} \left(\dfrac{\partial L}{\partial \dot{q}_i} \right) \dot{q}_i + \dfrac{\partial L}{\partial \dot{q}_i} \ddot{q}_i \right]$

❽

$\dfrac{dL}{dt} = \dfrac{d}{dt} \left(\sum_i \left(\dfrac{\partial L}{\partial \dot{q}_i} \right) \dot{q}_i \right)$

erhaltene Größe ❾

$\sum_i \left(\dfrac{\partial L}{\partial \dot{q}_i} \right) \dot{q}_i - L = \text{const}$

Lagrange-Gleichungen ❻

$\dfrac{d}{dt} \dfrac{\partial L}{\partial \dot{q}_i} - \dfrac{\partial L}{\partial q_i} = 0$

Die Invarianz der Lagrange-Funktion unter einer Verschiebung der Zeitkoordinate führt auf die Erhaltung der Energie. Dies ist ein Beispiel für das Noether-Theorem, das allgemein Symmetrien und Erhaltungsgrößen verknüpft.

1 Ausgangspunkt ist die Lagrange-Funktion $L(q_i, \dot{q}_i, t)$ eines Systems mit den verallgemeinerten Koordinaten q_i.

2 Wir betrachten eine infinitesimale Transformation, d.h. eine Verschiebung der Zeit t in der der Lagrange-Funktion um den sehr kleinen Wert ε.

3 Falls sich die Lagrange-Funktion unter dieser Transformation nicht ändert, sprechen wir von der Invarianz der Lagrange-Funktion. Eine Invarianz unter einer Transformation wird auch Symmetrie genannt. Dass heißt auch, dass die Lagrange-Funktion nicht explizit von der Zeit abhängt und damit die partielle Ableitung nach der Zeit verschwindet:

$$\partial L/\partial t = 0$$

4 Die totale Ableitung einer Funktion von mehreren Variablen bezüglich einer Variable, wird gebildet, indem man alle anderen Variablen als Funktionen dieser Variable betrachtet und die Funktion mithilfe der Kettenregel nach der ausgewählten Variable differenziert (Seite 19).

5 Mit der totalen Ableitung ergibt sich der angegebene Ausdruck für die zeitliche Änderung der Lagrange-Funktion

6 7 Mit den Lagrange-Gleichungen kann der erste Term in der Summe umgeschrieben werden.

8 Unter Anwendung der (umgekehrten) Produktregel der Ableitung erhalten wir die angegebene Form.

9 Wenn wir die beiden Terme der Gleichung auf eine Seite bringen, so erkennen wir, dass der angegebene Ausdruck nicht von der Zeit abhängt. Somit führt die Symmetrie der Lagrange-Funktion unter einer Verschiebung in der Zeit zu einer Erhaltungsgröße, die der Energie entspricht.

Noether-Theorem – Koordinatentransformation

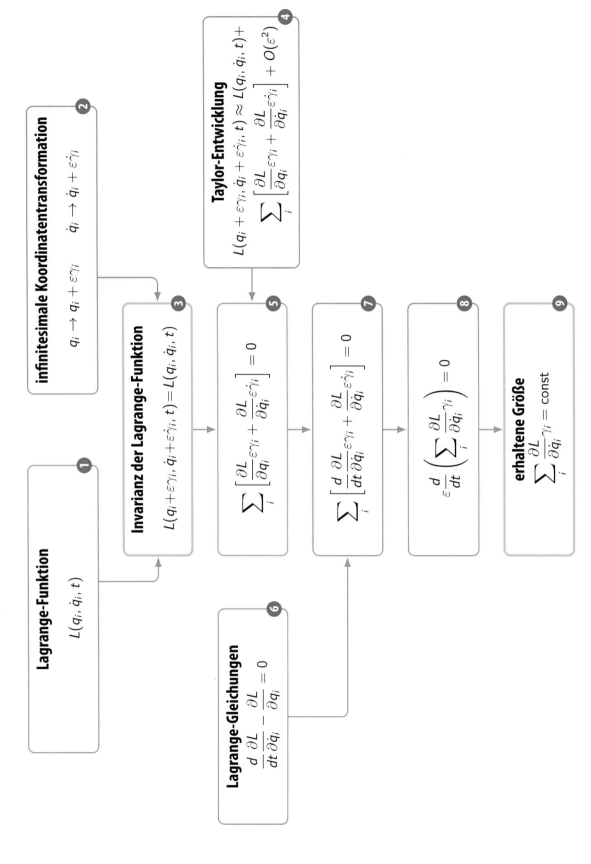

Lagrange-Funktion ①

$L(q_i, \dot{q}_i, t)$

infinitesimale Koordinatentransformation ②

$q_i \rightarrow q_i + \varepsilon\gamma_i \qquad \dot{q}_i \rightarrow \dot{q}_i + \varepsilon\dot{\gamma}_i$

Invarianz der Lagrange-Funktion ③

$L(q_i + \varepsilon\gamma_i, \dot{q}_i + \varepsilon\dot{\gamma}_i, t) = L(q_i, \dot{q}_i, t)$

Taylor-Entwicklung ④

$L(q_i + \varepsilon\gamma_i, \dot{q}_i + \varepsilon\dot{\gamma}_i, t) \approx L(q_i, \dot{q}_i, t) +$
$\sum_i \left[\frac{\partial L}{\partial q_i}\varepsilon\gamma_i + \frac{\partial L}{\partial \dot{q}_i}\varepsilon\dot{\gamma}_i \right] + O(\varepsilon^2)$

⑤

$$\sum_i \left[\frac{\partial L}{\partial q_i}\varepsilon\gamma_i + \frac{\partial L}{\partial \dot{q}_i}\varepsilon\dot{\gamma}_i \right] = 0$$

Lagrange-Gleichungen ⑥

$$\frac{d}{dt}\frac{\partial L}{\partial \dot{q}_i} - \frac{\partial L}{\partial q_i} = 0$$

⑦

$$\sum_i \left[\frac{d}{dt}\frac{\partial L}{\partial \dot{q}_i}\varepsilon\gamma_i + \frac{\partial L}{\partial \dot{q}_i}\varepsilon\dot{\gamma}_i \right] = 0$$

⑧

$$\varepsilon\frac{d}{dt}\left(\sum_i \frac{\partial L}{\partial \dot{q}_i}\gamma_i \right) = 0$$

erhaltene Größe ⑨

$$\sum_i \frac{\partial L}{\partial \dot{q}_i}\gamma_i = \text{const}$$

Jede kontinuierliche Symmetrie der Lagrange-Funktion führt auf einen Erhaltungssatz.

1 Ausgangspunkt ist wieder die Lagrange-Funktion eines Systems mit N Freiheitsgraden und den Koordinaten q_i.

2 Wir betrachten nun eine infinitesimale Transformation der Koordinaten. Hier sind γ_i Funktionen, die jeweils von den Koordinaten, deren Zeitableitungen und der Zeit selbst abhängen können. ε ist ein infinitesimal kleiner Parameter.

3 Falls sich die Lagrange-Funktion unter dieser Transformation nicht ändert, so sprechen wir von einer Symmetrie der Lagrange-Funktion.

4 Nun entwickeln wir die Lagrange-Funktion zur ersten Ordnung in ε.

5 Mit dieser Entwicklung ergibt sich der angegebene Ausdruck für die zeitliche Änderung der Lagrange-Funktion.

6 **7** Mit den Lagrange-Gleichungen kann der erste Term in der Summe umgeschrieben werden.

8 Durch die umgekehrte Anwendung der Produktregel der Ableitung kann der Ausdruck kompakter dargestellt werden.

9 Die Invarianz unter einer kontinuierlichen Koordinatentransformation führt also auf eine Größe, deren Zeitableitung verschwindet. Somit führt eine Symmetrie der Lagrange-Funktion auf eine konstante Erhaltungsgröße. Dieser fundamentale Zusammenhang wird nach der Entdeckerin Noether-Theorem genannt.

Noether-Theorem – Beispiele

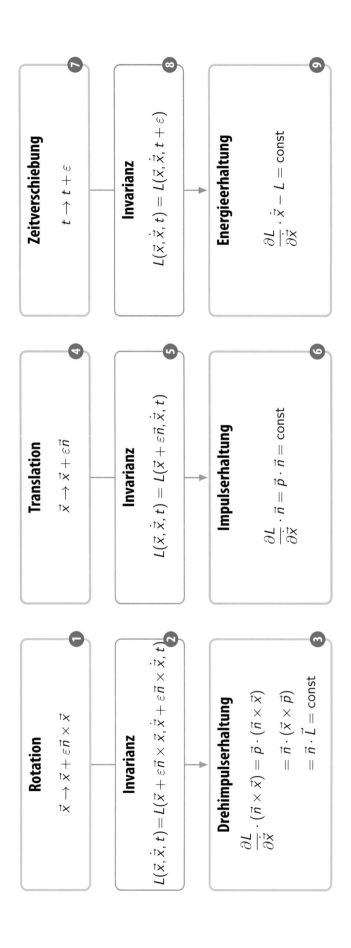

Auf dieser Seite diskutieren wir die Anwendung des Noether-Theorems auf ein Teilchen in einem Potenzial.

1 Wir beginnen mit der Rotation. Bei einer infinitesimalen Rotation des Systems um den Koordinatenursprung um die Achse $\vec{n}$ und den Winkel ϵ transformiert sich die Position wie angegeben (Seite 171).

2 Wir nehmen an, dass die Lagrange-Funktion invariant unter dieser Rotation, also rotationssymmetrisch bezüglich der durch $\vec{n}$ festgelegten Achse ist.

3 Nun leiten wir mit dem auf der vorherigen Seite diskutierten Noether-Theorem für kontinuierliche Koordinatentransformationen die mit der Rotation verknüpfte Erhaltungsgröße ab. Die Funktion $\vec{\gamma}$ entspricht $\vec{n} \times \vec{x}$, und $\partial L/\partial \dot{\vec{x}}$ entspricht dem Impuls $\vec{p}$. Der Wert des Spatprodukts $\vec{p} \cdot (\vec{n} \times \vec{x})$ ändert sich nicht, wenn die Vektoren zyklisch vertauscht werden. Das führt uns auf die Erhaltungsgröße: den Anteil des Drehimpulses, der parallel zur Rotationsachse ist.

4 Als Nächstes betrachten wir die Translation (Verschiebung). Bei einer infinitesimalen Translation in Richtung des Vektors $\vec{n}$ und der Distanz ε transformiert sich die Position wie angegeben.

5 Wieder nehmen wir an, dass die Lagrange-Funktion invariant unter dieser Transformation, also translationssymmetrisch bezüglich der durch $\vec{n}$ festgelegten Richtung ist.

6 Erneut wenden wir das Noether-Theorem an, um die mit der Translation verknüpfte Erhaltungsgröße zu finden. Die Funktion $\vec{\gamma}$ entspricht hier $\vec{n}$, und $\partial L/\partial \dot{\vec{x}}$ ist wieder der Impuls $\vec{p}$. Das heißt, der Anteil des Impulses parallel zur Translationsrichtung ist eine Erhaltungsgröße.

7 8 9 Zum Abschluss wiederholen wir die auf Seite 85 diskutierte Invarianz unter Zeitverschiebung. Diese Symmetrie führt auf die angegebene Erhaltungsgröße. Für ein Teilchen in einem zeit- und geschwindigkeitsunabhängigen Potenzial $V(\vec{x})$ lautet die Lagrange-Funktion:

$$L = \frac{1}{2} m \dot{\vec{x}}^2 - V(\vec{x})$$

Damit entspricht die Erhaltungsgröße der Gesamtenergie

$$E = \frac{1}{2} m \dot{\vec{x}}^2 + V(\vec{x}).$$

Kapitel 5
Hamilton-Formalismus

M. Wick, *Klassische Mechanik mit Concept-Maps*,
https://doi.org/10.1007/978-3-662-62544-6_5

Lagrange-Gleichungen versus Hamilton-Gleichungen

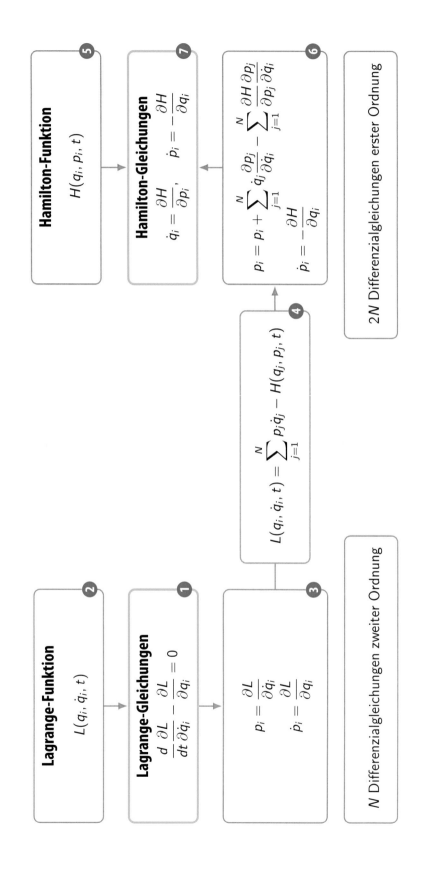

Aus den Lagrange-Gleichungen kann ein völlig gleichwertiges System von Differenzialgleichungen, die sogenannten Hamilton-Gleichungen, abgeleitet werden.

❶❷ Wie auf Seite 79 diskutiert, können aus der Lagrange-Funktion für N Freiheitsgrade mit den verallgemeinerten Koordinaten q_i durch die Lagrange-Gleichungen die Bewegungsgleichungen abgeleitet werden. Hier ist i ein Index, der von 1 nach N läuft.

❸ Durch das Einführen der konjugierten Impulse p_i können diese N Differenzialgleichungen zweiter Ordnung in ein äquivalentes System von $2N$ Differenzialgleichungen erster Ordnung überführt werden ✏.

❹❺ Die eine Hälfte dieser Differenzialgleichungen besteht aus Ableitungen nach q_i und die andere aus Ableitungen nach $\dot{q}_i$. Durch die Einführung der Hamilton-Funktion $H(q_i, p_i, t)$, die statt von den Geschwindigkeiten $\dot{q}_i$ von den Impulsen p_i abhängt, können wir die Gleichungen auf eine symmetrischere Form bringen. Dieser Zusammenhang wird auch als Legendre-Transformation bezeichnet.

❻❼ Wir setzen nun die Lagrange-Funktion in dieser Form in die Differenzialgleichungen ein, führen die Ableitungen aus und beachten, dass q_i und $\dot{q}_i$ unabhängige Variablen sind. So erhalten wir die angegebenen Ausdrücke. Weil sich die Impulse p_i in der ersten Hälfte der Gleichungen herausheben, erhalten wir schließlich durch Koeffizientenvergleich die Hamilton-Gleichungen. ✏

D'Alembert-Prinzip und Hamilton-Prinzip

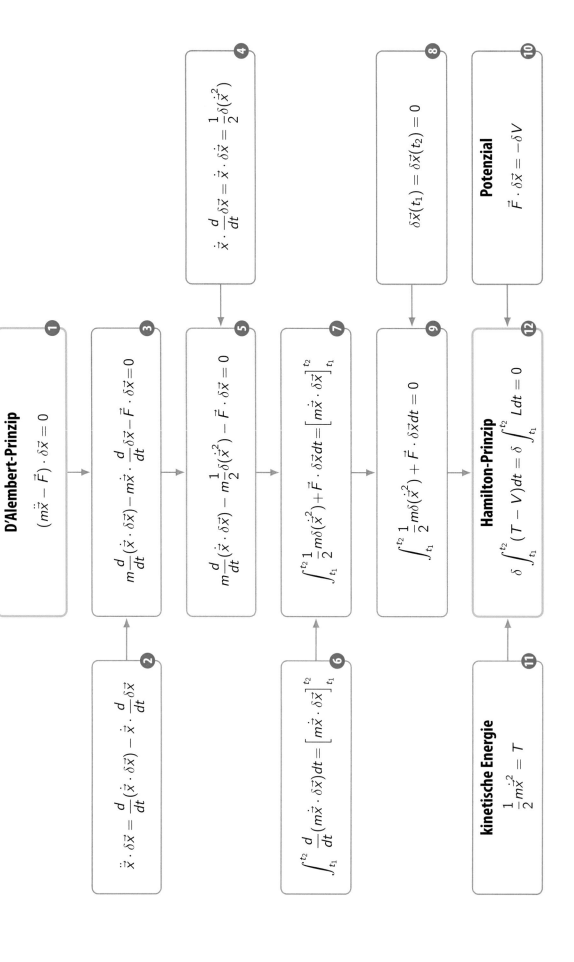

1 · **D'Alembert-Prinzip**
$$(m\ddot{\vec{x}} - \vec{F}) \cdot \delta\vec{x} = 0$$

2
$$\ddot{\vec{x}} \cdot \delta\vec{x} = \frac{d}{dt}(\dot{\vec{x}} \cdot \delta\vec{x}) - \dot{\vec{x}} \cdot \frac{d}{dt}\frac{\delta\vec{x}}{dt}$$

3
$$m\frac{d}{dt}(\dot{\vec{x}} \cdot \delta\vec{x}) - m\dot{\vec{x}} \cdot \frac{d}{dt}\frac{\delta\vec{x}}{dt} - \vec{F} \cdot \delta\vec{x} = 0$$

4
$$\dot{\vec{x}} \cdot \frac{d}{dt}\delta\vec{x} = \dot{\vec{x}} \cdot \delta\dot{\vec{x}} = \frac{1}{2}\delta(\dot{\vec{x}}^2)$$

5
$$m\frac{d}{dt}(\dot{\vec{x}} \cdot \delta\vec{x}) - m\frac{1}{2}\delta(\dot{\vec{x}}^2) - \vec{F} \cdot \delta\vec{x} = 0$$

6
$$\int_{t_1}^{t_2} \frac{d}{dt}(m\dot{\vec{x}} \cdot \delta\vec{x})dt = \left[m\dot{\vec{x}} \cdot \delta\vec{x}\right]_{t_1}^{t_2}$$

7
$$\int_{t_1}^{t_2} \frac{1}{2}m\delta(\dot{\vec{x}}^2) + \vec{F} \cdot \delta\vec{x}dt = \left[m\dot{\vec{x}} \cdot \delta\vec{x}\right]_{t_1}^{t_2}$$

8
$$\delta\vec{x}(t_1) = \delta\vec{x}(t_2) = 0$$

9
$$\int_{t_1}^{t_2} \frac{1}{2}m\delta(\dot{\vec{x}}^2) + \vec{F} \cdot \delta\vec{x}dt = 0$$

10 · **Potenzial**
$$\vec{F} \cdot \delta\vec{x} = -\delta V$$

11 · **kinetische Energie**
$$\frac{1}{2}m\dot{\vec{x}}^2 = T$$

12 · **Hamilton-Prinzip**
$$\delta\int_{t_1}^{t_2}(T - V)dt = \delta\int_{t_1}^{t_2} L dt = 0$$

Wir leiten für ein Teilchen in einem konservativen Potenzial aus dem D'Alembert-Prinzip (Seite 77) das Hamilton-Prinzip ab. Das Symbol δ bezieht sich auf eine virtuelle Änderung bzw. eine Verschiebung. Das Symbol d in der Ableitung nach der Zeit d/dt bedeutet eine tatsächliche Änderung in der Zeit dt.

❶ Das D'Alembert-Prinzip besteht aus der Summe aus zwei Skalarprodukten: zum einen dem Skalarprodukt aus der Beschleunigung $\ddot{\vec{x}}$ und der virtuellen Verschiebung $\delta\vec{x}$ mit der Masse m des Teilchens als Vorfaktor und zum anderen dem Produkt aus der Kraft $\vec{F}$ und der virtuellen Verschiebung.

❷❸ Als Nächstes nutzen wir die Produktregel der Ableitung aus und ersetzen den ersten Term der Summe entsprechend.

❹❺ Die virtuelle Verschiebung vertauscht mit der zeitlichen Ableitung, und für die virtuelle Verschiebung gilt ebenfalls die Produktregel. So erhalten wir die angegebene Form des D'Alembert-Prinzips.

❻❼ Nun bringen wir den Term mit vollständigem Differenzial auf die rechte Seite und integrieren auf beiden Seiten. Weil es sich um ein vollständiges Differenzial handelt, können wir den allgemeinen Zusammenhang zwischen Ableitung und Integration nutzen:

$$\int_a^b \frac{dF(x)}{dx}\,dx = F(b) - F(a)$$

❽❾ Weil wir annehmen, dass die Positionen der Teilchen am Anfangs- und am Endzeitpunkt der Bewegung t_1 und t_2 gegeben sind, können wir fordern, dass die Variation zu diesen Zeiten verschwindet. Damit verschwindet der Term auf der rechten Seite.

❿⓫⓬ Wir ziehen dann die Variation vor das Integral, nutzen die Definition der kinetischen Energie T und des Potenzials V und erhalten so das Hamilton-Prinzip. Es besagt, dass sich ein System zwischen gegebenen Anfangs- und Endkonfigurationen so bewegt, dass das Integral der Lagrange-Funktion für willkürliche mögliche Variationen stationär wird. Anders ausgedrückt, werden solche Bahnen beschrieben, für die dieses Integral der Lagrange-Funktion über die Zeit extremal wird. Dieses Integral wird Wirkung genannt und oft mit S bezeichnet.

D'Alembert-Prinzip und Hamilton-Gleichungen

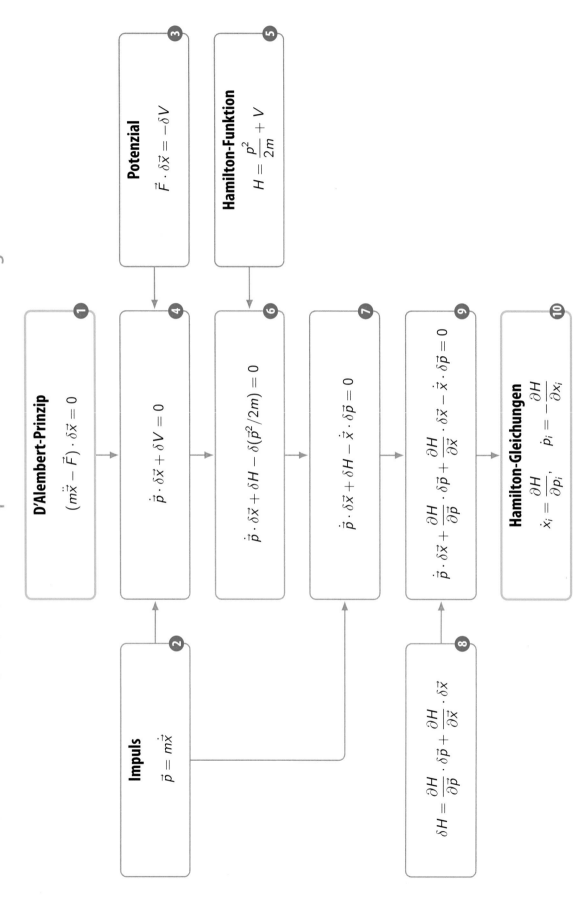

1 **D'Alembert-Prinzip**
$$(m\ddot{\vec{x}} - \vec{F}) \cdot \delta\vec{x} = 0$$

2 **Impuls**
$$\vec{p} = m\dot{\vec{x}}$$

3 **Potenzial**
$$\vec{F} \cdot \delta\vec{x} = -\delta V$$

4 $$\dot{\vec{p}} \cdot \delta\vec{x} + \delta V = 0$$

5 **Hamilton-Funktion**
$$H = \frac{p^2}{2m} + V$$

6 $$\dot{\vec{p}} \cdot \delta\vec{x} + \delta H - \delta(\vec{p}^2/2m) = 0$$

7 $$\dot{\vec{p}} \cdot \delta\vec{x} + \delta H - \dot{\vec{x}} \cdot \delta\vec{p} = 0$$

8 $$\delta H = \frac{\partial H}{\partial \vec{p}} \cdot \delta\vec{p} + \frac{\partial H}{\partial \vec{x}} \cdot \delta\vec{x}$$

9 $$\dot{\vec{p}} \cdot \delta\vec{x} + \frac{\partial H}{\partial \vec{p}} \cdot \delta\vec{p} + \frac{\partial H}{\partial \vec{x}} \cdot \delta\vec{x} - \dot{\vec{x}} \cdot \delta\vec{p} = 0$$

10 **Hamilton-Gleichungen**
$$\dot{x}_i = \frac{\partial H}{\partial p_i}, \quad \dot{p}_i = -\frac{\partial H}{\partial x_i}$$

Auf Seite 93 haben wir die Hamilton-Gleichungen aus den Lagrange-Gleichungen abgeleitet. Nun leiten wir die Hamilton-Gleichungen direkt für ein Teilchen in einem konservativen Potenzial aus dem D'Alembert-Prinzip ab. Dieses Vorgehen lässt sich einfach auf mehrere Teilchen verallgemeinern.

❶ Wir beginnen mit dem D'Alembert-Prinzip für ein Teilchen mit der Masse m in einem konservativen Potenzial. Hier ist $\vec{F}$ die wirkende Kraft auf das Teilchen, $\ddot{\vec{x}}$ die Beschleunigung und $\delta \vec{x}$ die virtuelle Verschiebung.

❷❸❹ Nun drücken wir die Beschleunigung durch die zeitliche Ableitung des Impulses $\vec{p}$ aus und ersetzen das Skalarprodukt aus virtueller Verschiebung und Kraft durch die negative virtuelle Variation des Potenzials V:

$$\vec{F} \cdot \delta \vec{x} = -\vec{\nabla} V \cdot \delta \vec{x} = -\sum_{i=1}^{3} \frac{\partial V}{\partial x_i} \delta x_i = -\delta V$$

❺❻ Im nächsten Schritt drücken wir das Potential durch die Hamilton-Funktion H aus.

❼ Wir führen die virtuelle Variation aus, $\delta(\vec{p}^2/2m) = \vec{p} \cdot \delta \vec{p}/m$, und ersetzen den Impuls mit der Geschwindigkeit.

❽❾ Im nächsten Schritt führen wir die Variation der Hamilton-Funktion auf die Variation der Position und des Impulses zurück. Hier haben wir die folgende abkürzende Notation benutzt:

$$\frac{\partial H}{\partial \vec{x}} = \sum_{i=1}^{3} \frac{\partial H}{\partial x_i}$$

❿ Weil die Variationen der Position und des Impulses unabhängig sind, müssen auch deren Koeffizienten unabhängig voneinander verschwinden. Das führt uns auf die Hamilton-Gleichungen (Seite 93).

Hamilton-Prinzip – Lagrange-Gleichungen versus Hamilton-Gleichungen

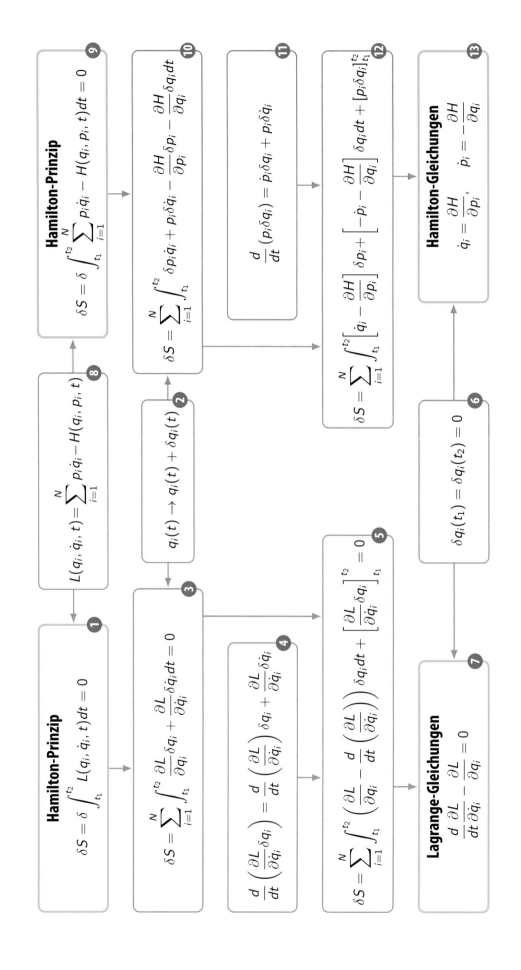

Hamilton-Prinzip

$$\delta S = \delta \int_{t_1}^{t_2} L(q_i, \dot{q}_i, t)\,dt = 0 \qquad \textbf{1}$$

$$\delta S = \sum_{i=1}^{N} \int_{t_1}^{t_2} \frac{\partial L}{\partial q_i}\delta q_i + \frac{\partial L}{\partial \dot{q}_i}\delta \dot{q}_i\,dt = 0 \qquad \textbf{3}$$

$$\frac{d}{dt}\left(\frac{\partial L}{\partial \dot{q}_i}\delta q_i\right) = \frac{d}{dt}\left(\frac{\partial L}{\partial \dot{q}_i}\right)\delta q_i + \frac{\partial L}{\partial \dot{q}_i}\delta \dot{q}_i \qquad \textbf{4}$$

$$\delta S = \sum_{i=1}^{N} \int_{t_1}^{t_2}\left(\frac{\partial L}{\partial q_i} - \frac{d}{dt}\left(\frac{\partial L}{\partial \dot{q}_i}\right)\right)\delta q_i\,dt + \left[\frac{\partial L}{\partial \dot{q}_i}\delta q_i\right]_{t_1}^{t_2} = 0 \qquad \textbf{5}$$

$$\delta q_i(t_1) = \delta q_i(t_2) = 0 \qquad \textbf{6}$$

Lagrange-Gleichungen

$$\frac{d}{dt}\frac{\partial L}{\partial \dot{q}_i} - \frac{\partial L}{\partial q_i} = 0 \qquad \textbf{7}$$

$$L(q_i, \dot{q}_i, t) = \sum_{i=1}^{N} p_i\dot{q}_i - H(q_i, p_i, t) \qquad \textbf{8}$$

$$q_i(t) \rightarrow q_i(t) + \delta q_i(t) \qquad \textbf{2}$$

Hamilton-Prinzip

$$\delta S = \delta \int_{t_1}^{t_2} \sum_{i=1}^{N} p_i\dot{q}_i - H(q_i, p_i, t)\,dt = 0 \qquad \textbf{9}$$

$$\delta S = \sum_{i=1}^{N} \int_{t_1}^{t_2} \delta p_i\dot{q}_i + p_i\delta \dot{q}_i - \frac{\partial H}{\partial p_i}\delta p_i - \frac{\partial H}{\partial q_i}\delta q_i\,dt \qquad \textbf{10}$$

$$\frac{d}{dt}\left(p_i\delta q_i\right) = \dot{p}_i\delta q_i + p_i\delta \dot{q}_i \qquad \textbf{11}$$

$$\delta S = \sum_{i=1}^{N} \int_{t_1}^{t_2}\left[\dot{q}_i - \frac{\partial H}{\partial p_i}\right]\delta p_i + \left[-\dot{p}_i - \frac{\partial H}{\partial q_i}\right]\delta q_i\,dt + \left[p_i\delta q_i\right]_{t_1}^{t_2} \qquad \textbf{12}$$

Hamilton-Gleichungen

$$\dot{q}_i = \frac{\partial H}{\partial p_i}, \qquad \dot{p}_i = -\frac{\partial H}{\partial q_i} \qquad \textbf{13}$$

Auf der vorherigen Seite haben wir aus dem D'Alembert-Prinzip das Hamilton-Prinzip abgeleitet. Auf dieser Seite zeigen wir, dass das Hamilton-Prinzip gleichwertig mit den Lagrange-Gleichungen und den Hamilton-Gleichungen ist.

❶ Das Hamilton-Prinzip besagt, dass sich ein System zwischen dem gegebenen Anfangs- und dem Endzustand so bewegt, dass das Integral der Lagrange-Funktion L über die Zeit extremal wird. Hier sind q_i die verallgemeinerten Koordinaten.

❷ Wir bezeichnen die Bahn, die diese Eigenschaft hat, mit $q_i(t)$ und betrachten die Variationen $\delta q_i(t)$ um diese Bahn.

❸ Weil die Variation instantan ist, vertauscht sie mit der Integration über die Zeit, und wir erhalten das angegebene Ergebnis.

❹ Nun verwenden wir die Produktregel der Zeitableitung.

❺ Weil es sich bei dem letzten Term um ein vollständiges Differenzial handelt, können wir den allgemeinen Zusammenhang zwischen Ableitung und Integration nutzen:

$$\int_a^b \frac{dF(x)}{dx}\,dx = F(b) - F(a)$$

❻❼ Der Anfangs- und der Endzustand der Bewegung bei t_1 bzw. t_2 sind gegeben. Also können wir fordern, dass die Variation zu diesen Zeiten verschwindet. Damit verschwindet der letzte Term auf der rechten Seite. Falls der Term in der runden Klammer im Integranden für alle Koordinaten verschwindet, wird das Integral der Lagrange-Funktion null. Die Klammer entspricht exakt den Lagrange-Gleichungen. Damit haben wir die Äquivalenz des Hamilton-Prinzips mit den Lagrange-Gleichungen gezeigt.

❽❾ Nun leiten wir auf sehr ähnliche Weise die Hamilton-Gleichungen aus dem Hamilton-Prinzip ab. Dafür ersetzen wir die Lagrange-Funktion mit der Hamilton-Funktion (Seite 93).

❿ Auch hier führen wir die Variation aus, diesmal auch für die Impulse

$$p_i(t) \to p_i(t) + \delta p_i(t)$$

und erhalten den angegebenen Ausdruck.

⓫⓬ Wieder verwenden wir die Produktregel der Ableitung, um den angegebenen Ausdruck zu erhalten.

⓭ Im letzten Schritt setzen wir wieder die Variation am Anfang sowie am Ende der Bewegung gleich null und erhalten so die Hamilton-Gleichungen.

Mechanische Eichtransformation

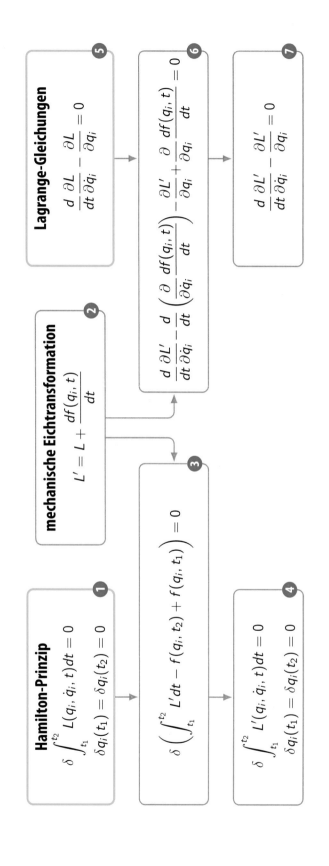

Hamilton-Prinzip

$$\delta \int_{t_1}^{t_2} L(q_i, \dot{q}_i, t)\, dt = 0$$

$$\delta q_i(t_1) = \delta q_i(t_2) = 0$$

1

$$\delta \left(\int_{t_1}^{t_2} L'\, dt - f(q_i, t_2) + f(q_i, t_1) \right) = 0$$

3

$$\delta \int_{t_1}^{t_2} L'(q_i, \dot{q}_i, t)\, dt = 0$$

$$\delta q_i(t_1) = \delta q_i(t_2) = 0$$

4

mechanische Eichtransformation

$$L' = L + \frac{df(q_i, t)}{dt}$$

2

$$\frac{d}{dt} \frac{\partial L'}{\partial \dot{q}_i} - \frac{d}{dt} \left(\frac{\partial}{\partial \dot{q}_i} \frac{df(q_i, t)}{dt} \right) - \frac{\partial L'}{\partial q_i} + \frac{\partial}{\partial q_i} \frac{df(q_i, t)}{dt} = 0$$

6

Lagrange-Gleichungen

$$\frac{d}{dt} \frac{\partial L}{\partial \dot{q}_i} - \frac{\partial L}{\partial q_i} = 0$$

5

$$\frac{d}{dt} \frac{\partial L'}{\partial \dot{q}_i} - \frac{\partial L'}{\partial q_i} = 0$$

7

Die Lagrange-Gleichungen und das Hamilton-Prinzip sind invariant unter der mechanischen Eichtransformation der Lagrange-Funktion.

❶ Das Hamilton-Prinzip besagt, dass sich ein System zwischen dem Anfangszustand und dem Endzustand so bewegt, dass das Integral der Lagrange-Funktion L über die Zeit t extremal wird.

❷ ❸ Addieren wir zu dieser Lagrange-Funktion eine Zeitableitung einer beliebigen Funktion $f(q_i, t)$, die nur von den Koordinaten q_i und der Zeit abhängt, so ergibt sich mit dem allgemeinen Zusammenhang zwischen Ableitung und Integration

$$\int_a^b \frac{dF(x)}{dx}\, dx = F(b) - F(a)$$

der angegebene Ausdruck.

❹ Weil die Variation δq_i am Anfangszeitpunkt und am Endzeitpunkt verschwindet, verschwindet auch der zweite und der dritte Term,

$$\delta f(q_i, t) = \sum_i \frac{\partial f(q_i, t)}{\partial q_i} \delta q_i,$$

und wir erhalten ein neues Hamilton-Prinzip, das exakt die gleiche Form hat wie das ursprüngliche.

❺ ❻ ❼ Das Hamilton-Prinzip und die Lagrange-Funktion sind gleichwertig, deshalb muss die Invarianz auch für die Lagrange-Gleichungen gelten, wie sich durch Einsetzen beweisen lässt (Hinweis auf Seite 83): ✎

$$\frac{d}{dt}\left(\frac{\partial}{\partial \dot{q}_i} \frac{df(q,t)}{dt}\right) = \frac{d}{dt}\frac{\partial f(q,t)}{\partial q_i} = \frac{\partial}{\partial q_i} \frac{df(q,t)}{dt}$$

Poisson-Klammer

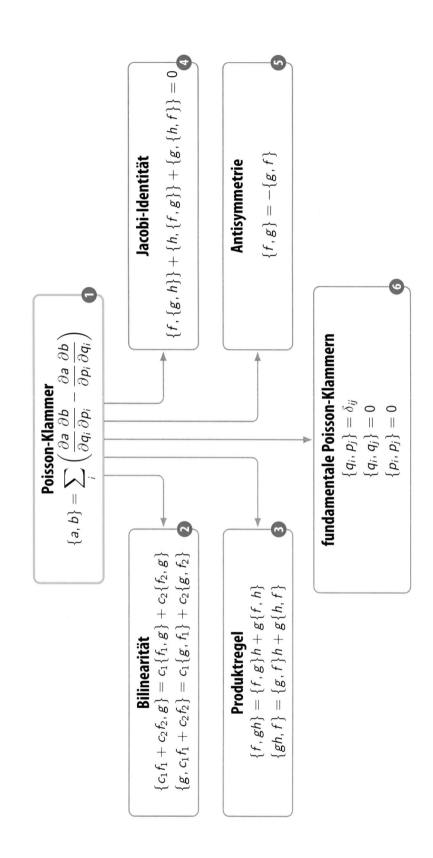

Poisson-Klammer

$$\{a, b\} = \sum_i \left(\frac{\partial a}{\partial q_i} \frac{\partial b}{\partial p_i} - \frac{\partial a}{\partial p_i} \frac{\partial b}{\partial q_i} \right)$$

❶

Jacobi-Identität

$$\{f, \{g, h\}\} + \{h, \{f, g\}\} + \{g, \{h, f\}\} = 0$$

❹

Antisymmetrie

$$\{f, g\} = -\{g, f\}$$

❺

Bilinearität

$$\{c_1 f_1 + c_2 f_2, g\} = c_1 \{f_1, g\} + c_2 \{f_2, g\}$$
$$\{g, c_1 f_1 + c_2 f_2\} = c_1 \{g, f_1\} + c_2 \{g, f_2\}$$

❷

Produktregel

$$\{f, gh\} = \{f, g\}h + g\{f, h\}$$
$$\{gh, f\} = \{g, f\}h + g\{h, f\}$$

❸

fundamentale Poisson-Klammern

$$\{q_i, p_j\} = \delta_{ij}$$
$$\{q_i, q_j\} = 0$$
$$\{p_i, p_j\} = 0$$

❻

Die Poisson-Klammer ist eine Operation auf zwei Funktionen, die an verschiedenen Stellen im Hamilton-Formalismus auftritt. Die Poisson-Klammer spielt in der klassischen Mechanik eine sehr ähnliche Rolle wie der Heisenberg-Kommutator in der Quantenmechanik.

❶ Die Poisson-Klammer zweier Funktionen, f und g, für ein System mit den Koordinaten q_i und Impulsen p_i ist wie angegeben definiert.

❷ Die erste Eigenschaft, die Bilinearität, ergibt sich direkt aus der Linearität der Ableitung nach den Komponenten q_i und p_i:

$$\frac{\partial}{\partial q_i}(c_1 f_1 + c_2 f_2) = c_1 \frac{\partial f_1}{\partial q_i} + c_2 \frac{\partial f_2}{\partial q_i}$$

$$\frac{\partial}{\partial p_i}(c_1 f_1 + c_2 f_2) = c_1 \frac{\partial f_1}{\partial p_i} + c_2 \frac{\partial f_2}{\partial p_i}$$

Hier sind f_1 und f_2 Funktionen, die vom Ort $\vec{x}$ und Impuls $\vec{p}$ abhängen, und c_1 sowie c_2 sind Konstanten.

❸ Ganz ähnlich lässt sich die Produktregel der Poisson-Klammer auf die Produktregel der Ableitung zurückführen:

$$\frac{\partial}{\partial q_i}(fg) = \frac{\partial f}{\partial q_i}g + f\frac{\partial g}{\partial q_i}$$

$$\frac{\partial}{\partial p_i}(fg) = \frac{\partial f}{\partial p_i}g + f\frac{\partial g}{\partial p_i}$$

❹ Im Gegensatz zu den anderen Eigenschaften ist der Beweis dieser Identität mühsam; er kann durch Einsetzen der Definition der Poisson-Klammer und ausdauernde Anwendung der Ableitungsregel erbracht werden. ✎

❺ Der Vorzeichenwechsel bei der Vertauschung von f und g ist direkt aus der Definition der Poisson-Klammer offensichtlich.

❻ Die angegebenen sogenannten fundamentalen Poisson-Klammern lassen sich wieder direkt aus der Definition der Poisson-Klammern ablesen. Sie entsprechen in der Quantenmechanik den fundamentalen Kommutatorrelationen.

Bewegungsgleichung von Observablen

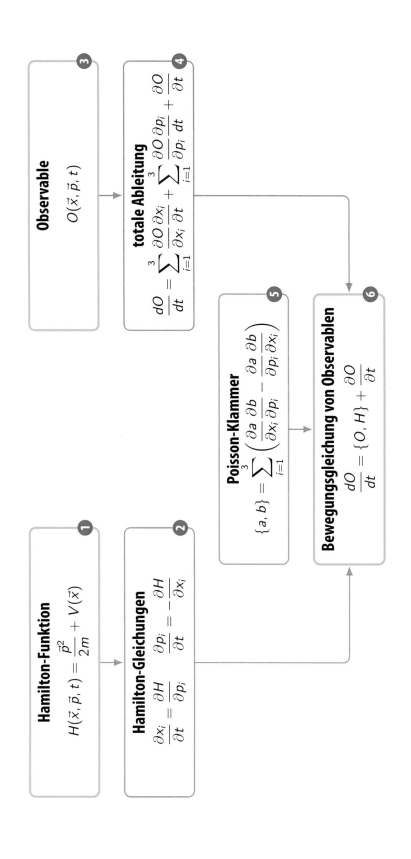

Hamilton-Funktion ①

$$H(\vec{x}, \vec{p}, t) = \frac{\vec{p}^2}{2m} + V(\vec{x})$$

Hamilton-Gleichungen ②

$$\frac{\partial x_i}{\partial t} = \frac{\partial H}{\partial p_i} \qquad \frac{\partial p_i}{\partial t} = -\frac{\partial H}{\partial x_i}$$

Observable ③

$$O(\vec{x}, \vec{p}, t)$$

totale Ableitung ④

$$\frac{dO}{dt} = \sum_{i=1}^{3} \frac{\partial O}{\partial x_i} \frac{\partial x_i}{\partial t} + \sum_{i=1}^{3} \frac{\partial O}{\partial p_i} \frac{\partial p_i}{\partial t} + \frac{\partial O}{\partial t}$$

Poisson-Klammer ⑤

$$\{a, b\} = \sum_{i=1}^{3} \left(\frac{\partial a}{\partial x_i} \frac{\partial b}{\partial p_i} - \frac{\partial a}{\partial p_i} \frac{\partial b}{\partial x_i} \right)$$

Bewegungsgleichung von Observablen ⑥

$$\frac{dO}{dt} = \{O, H\} + \frac{\partial O}{\partial t}$$

Die Hamilton-Gleichungen für ein Teilchen in einem Potenzial beschreiben die zeitliche Änderung der Position und des Impulses. Aus ihnen lässt sich eine Bewegungsgleichung für eine beliebige beobachtbare Größe ableiten.

❶ Wir beginnen mit der Hamilton-Funktion eines Teilchens mit der Masse m, dem Impuls $\vec{p}$ und der Position $\vec{x}$ in einem Potenzial $V(\vec{x})$ in drei Dimensionen.

❷ Die Hamilton-Gleichungen beschreiben die zeitliche Änderung der Komponenten x_i und p_i des Orts- bzw. des Impulsvektors. Der Index läuft über $i = 1, 2, 3$.

❸ Eine Observable O dieses Systems ist eine physikalische Größe, die sich als Funktion des Impulses, der Position und der Zeit ausdrücken lässt.

❹ Wir bilden nun die totale Ableitung der Observable nach der Zeit (Seite 19).

❺❻ Nun kombinieren wir die totale Ableitung mit den Hamilton-Gleichungen für den Impuls und den Ort, nutzen die Definition der Poisson-Klammer (siehe vorherige Seite) und erhalten so die Bewegungsgleichung für die Observable ✏️. Die für diesen Spezialfall gefundene Gleichung gilt auch für komplexere physikalische Systeme mit mehreren Teilchen. Das heißt, wenn wir die Observable als Funktion der Koordinaten und der Impulse kennen, können wir berechnen, wie sich die Observable mit der Zeit ändert.

Beispiel:

Wir betrachten ein Teilchen mit der Position $\vec{x}$ und dem Impuls $\vec{p}$ in einem kugelsymmetrischen Potenzial $V(\vec{x}) = C/|\vec{x}|$. Die Hamilton-Funktion für dieses System lautet:

$$H(\vec{x}, \vec{p}, t) = \frac{\vec{p}^2}{2m} + \frac{C}{|\vec{x}|}$$

Wir möchten die Bewegungsgleichung für die Observable Drehimpuls ableiten. Dazu setzen wir die Komponenten des Drehimpulsvektors

$$\vec{L} = \vec{x} \times \vec{p}$$

in die Poisson-Klammer ein. Der Drehimpuls hängt nicht explizit von der Zeit ab, $\partial \vec{L}/\partial t = 0$, und aus den fundamentalen Poisson-Klammern

$$\{x_i, p_j\} = \delta_{ij}, \qquad \{x_i, x_j\} = 0, \qquad \{p_i, p_j\} = 0$$

folgt nach längerer Rechnung ✏️, dass $\{\vec{L}, p^2\} = 0$ und $\{\vec{L}, |\vec{x}|^{-1}\} = 0$. Daraus schließen wir, dass der Drehimpuls eines Teilchens für dieses kugelsymmetrische Potenzial erhalten bleibt:

$$\frac{d\vec{L}}{dt} = \{\vec{L}, H\} + \frac{\partial \vec{L}}{\partial t} = 0$$

Newton, Lagrange, Hamilton

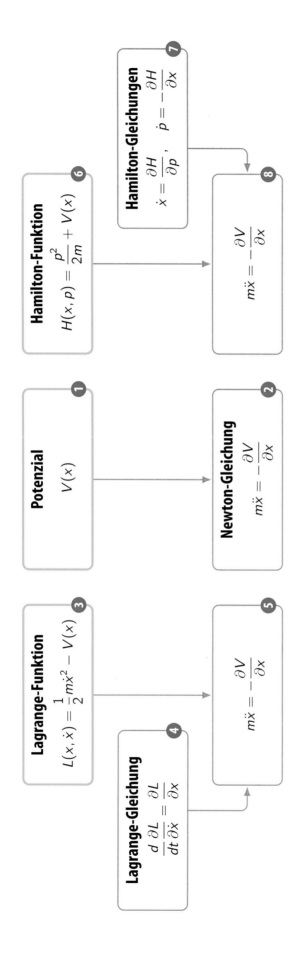

Hamilton-Gleichungen ⑦

$$\dot{x} = \frac{\partial H}{\partial p}, \quad \dot{p} = -\frac{\partial H}{\partial x}$$

Hamilton-Funktion ⑥

$$H(x,p) = \frac{p^2}{2m} + V(x)$$

⑧

$$m\ddot{x} = -\frac{\partial V}{\partial x}$$

Potenzial ①

$$V(x)$$

Newton-Gleichung ②

$$m\ddot{x} = -\frac{\partial V}{\partial x}$$

Lagrange-Funktion ③

$$L(x,\dot{x}) = \frac{1}{2}m\dot{x}^2 - V(x)$$

Lagrange-Gleichung ④

$$\frac{d}{dt}\frac{\partial L}{\partial \dot{x}} = \frac{\partial L}{\partial x}$$

⑤

$$m\ddot{x} = -\frac{\partial V}{\partial x}$$

Der Newton-, der Lagrange- und der Hamilton-Formalismus sind vollkommen äquivalente Formulierungen der klassischen Mechanik. Wir veranschaulichen das an einem einfachen Beispiel.

1 Wir betrachten die Bewegung eines Teilchens mit der Masse m in einer Raumdimension x unter dem Einfluss eines geschwindigkeits- und zeitunabhängigen Potenzials $V(x)$.

2 Das Potenzial ist der Ausgangspunkt für die Bewegungsgleichung im Newton-Formalismus. Hier wird das Produkt aus Masse und Beschleunigung $\ddot{x}$ der wirkenden Kraft bzw. des negativen Gradienten des Potenzials gleichgesetzt.

3 An die Stelle des Potenzials tritt im Lagrange-Formalismus die Lagrange-Funktion $L(x, \dot{x})$; sie ist die Differenz der kinetischen Energie $m\dot{x}^2/2$ und des Potenzials $V(x)$ und hängt von der Position x sowie der Geschwindigkeit $\dot{x}$ des Teilchens ab.

4 Die Bewegungsgleichung liefert die Lagrange-Gleichung.

5 Eine kurze Rechnung zeigt die Äquivalenz mit der Newton-Bewegungsgleichung. ✎

6 Ausgangspunkt des Hamilton-Formalismus ist die Hamilton-Funktion $H(x, p)$; sie ist für den Fall eines geschwindigkeits- und zeitunabhängigen Potenzials die Summe der kinetischen Energie und des Potenzials und hängt von der Position x sowie dem Impuls p des Teilchens ab.

7 Die Bewegungsgleichung liefern die Hamilton-Gleichungen.

8 Wieder ergibt sich nach kurzer Rechnung die Äquivalenz mit der Newton-Bewegungsgleichung. ✎

Kanonische Transformation, Teil 1

alte Hamilton-Gleichungen **1**

$$\dot{p}_i = -\frac{\partial H}{\partial q_i} \qquad \dot{q}_i = \frac{\partial H}{\partial p_i}$$

altes Hamilton-Prinzip **2**

$$\delta \int_{t_1}^{t_2} [p_i \dot{q}_i - H(q_i, p_i, t)]\, dt = 0$$
$$\delta q_i(t_1) = \delta p_i(t_1) = \delta q_i(t_2) = \delta p_i(t_2) = 0$$

Transformation **3**

$$Q_i = Q_i(q_j, p_j, t)$$
$$P_i = P_i(q_j, p_j, t)$$

Bedingung **4**

$$p_i \dot{q}_i - H(q_i, p_i, t) = P_i \dot{Q}_i - K(Q_i, P_i, t) + \frac{dF}{dt}$$

5

$$\delta \int_{t_1}^{t_2} \left[P_i \dot{Q}_i - K(Q_i, P_i, t) + \frac{dF}{dt} \right] dt = 0$$
$$\delta Q_i(t_1) = \delta P_i(t_1) = \delta Q_i(t_2) = \delta P_i(t_2) = 0$$

neues Hamilton-Prinzip **6**

$$\delta \int_{t_1}^{t_2} \left[P_i \dot{Q}_i - K(Q_i, P_i, t) \right] dt = 0$$
$$\delta Q_i(t_1) = \delta P_i(t_1) = \delta Q_i(t_2) = \delta P_i(t_2) = 0$$

neue Hamilton-Gleichungen **7**

$$\dot{P}_i = -\frac{\partial K}{\partial Q_i} \qquad \dot{Q}_i = \frac{\partial K}{\partial P_i}$$

Die Newton-Gleichungen sind invariant unter Galilei-Transformationen (Seite 9), die Lagrange-Gleichungen sind invariant unter Koordinatentransformationen (Seite 83), und die Hamilton-Gleichungen sind ebenfalls invariant unter einer Klasse von Transformationen, den sogenannten kanonischen Transformationen.

1 Wir starten mit den Hamilton-Gleichungen im Ausgangssystem der alten Koordinaten q_i und Impulse p_i. Hier ist H die Hamilton-Funktion des betrachteten physikalischen Systems, die im Allgemeinen eine Funktion der Impulse, Koordinaten und der Zeit ist.

2 Auf Seite 99 haben wir gezeigt, dass die Hamilton-Differenzialgleichungen gleichwertig mit dem Hamilton-Variationsprinzip sind. Die betrachtete Variation der Koordinaten δq_i und Impulse δp_i verschwindet am Anfangs- und am Endzeitpunkt t_1 und t_2.

3 Nun betrachten wir eine Transformation in ein neues System von Koordinaten und Impulsen (Q_i, P_i).

4 5 6 Das Hamilton-Prinzip und damit auch die Lagrange-Gleichungen sind invariant unter mechanischen Eichtransformationen (Seite 101). Mit einer sehr ähnlichen Argumentation können wir nun feststellen, dass eine Transformation, die den Integranden des Hamilton-Prinzips um eine vollständige Ableitung einer Funktion $F(q_i, p_i, Q_i, P_i, t)$ nach der Zeit ändert, die Form des Hamilton-Prinzips unverändert lässt. Aus dem transformierten Hamilton-Prinzip,

$$\delta \int_{t_1}^{t_2} \left[P_i \dot{Q}_i - K(Q_i, P_i, t) + \frac{dF}{dt} \right] dt = 0,$$

wird mit dem allgemeinen Zusammenhang zwischen Ableitung und Integration,

$$\int_a^b \frac{dF(x)}{dx} dx = F(b) - F(a),$$

die folgende Gleichung:

$$\delta \int_{t_1}^{t_2} \left[P_i \dot{Q}_i - K(Q_i, P_i, t) \right] dt + \delta F(t_2) - \delta F(t_1) = 0$$

Die letzten beiden Terme verschwinden, weil die Variationen der Funktion F linear von den Variationen der Koordinaten und Impulse abhängen,

$$\delta F = \sum_{i=1} \left(\frac{\partial F}{\partial q_i} \delta q_i + \frac{\partial F}{\partial p_i} \delta p_i + \frac{\partial F}{\partial Q_i} \delta Q_i + \frac{\partial F}{\partial P_i} \delta P_i \right),$$

und diese am Anfang und am Ende der Bewegung verschwinden. Wir bezeichnen die Funktion F als erzeugende Funktion, weil sich mit ihrer Hilfe aus einer gegebenen Funktion F eine kanonische Transformation ableiten lässt (siehe folgende Seite).

7 Zum Abschluss nutzen wir wieder die Äquivalenz der Hamilton-Gleichungen und des Hamilton-Prinzips. Zusammenfassend haben wir eine Bedingung für Transformationen gefunden, unter denen die Form der Hamilton-Gleichungen invariant ist.

Kanonische Transformation, Teil 2

① kanonische Transformation

$$Q_i = Q_i(q_j, p_j, t) \qquad P_i = P_i(q_j, p_j, t)$$

$$p_i\dot{q}_i - H(q_i, p_i, t) = P_i\dot{Q}_i - K(Q_i, P_i, t) + \frac{dF}{dt}$$

③

$$p_i\dot{q}_i - H = P_i\dot{Q}_i - K(Q_i, P_i, t) + \frac{\partial F_1}{\partial t} + \frac{\partial F_1}{\partial q_i}\dot{q}_i + \frac{\partial F_1}{\partial Q_i}\dot{Q}_i$$

④ kanonische Transformation vom Typ 1

$$p_i = \frac{\partial F_1}{\partial q_i} \qquad P_i = -\frac{\partial F_1}{\partial Q_i} \qquad K(Q_i, P_i, t) = H(q_i, p_i, t) + \frac{\partial F_1}{\partial t}$$

② erzeugende Funktion

$$F_1(q_i, Q_i, t)$$

⑤ Typ 1

$$F_1(q_n, Q_n)$$

$$p_i(q_n, Q_n) = \frac{\partial F_1(q_n, Q_n)}{\partial q_i}$$

$$P_i(q_n, Q_n) = -\frac{\partial F_1(q_n, Q_n)}{\partial Q_i}$$

⑥ Typ 2

$$F_2(q_n, P_n)$$

$$p_i(q_n, p_n) = \frac{\partial F_2(q_n, P_n)}{\partial q_i}$$

$$Q_i(q_n, p_n) = \frac{\partial F_2(q_n, P_n)}{\partial P_i}$$

⑦ Typ 3

$$F_3(q_n, Q_n)$$

$$q_i(p_n, Q_n) = -\frac{\partial F_3(p_n, Q_n)}{\partial p_i}$$

$$P_i(p_n, Q_n) = -\frac{\partial F_3(p_n, Q_n)}{\partial Q_i}$$

⑧ Typ 4

$$F_4(q_n, Q_n)$$

$$q_i(p_n, P_n) = -\frac{\partial F_4(p_n, P_n)}{\partial p_i}$$

$$Q_i(p_n, P_n) = \frac{\partial F_4(p_n, P_n)}{\partial P_i}$$

Auf der vorherigen Seite haben wir eine Bedingung für die kanonische Transformation aus dem Hamilton-Prinzip abgeleitet und sind dabei auf die erzeugende Funktion gestoßen. Auf dieser Seite betrachten wir vier Klassen von erzeugenden Funktionen und wie sich aus diesen direkt die Transformationen berechnen lassen.

1 Eine kanonische Transformation lässt die Form der Hamilton-Gleichungen unverändert. Diese Forderung führt, wie wir auf der vorherigen Seite gezeigt haben, auf die angegebene Bedingung. Hier sind (q_i, p_i) und (Q_i, P_i) die alten bzw. die neuen Koordinaten und Impulse. $H(q_i, p_i, t)$ und $K(Q_i, P_i, t)$ sind die Hamilton-Funktionen vor und nach der Transformation, und F ist die erzeugende Funktion.

2 Wir wählen nun eine spezielle Form der erzeugenden Funktion F_1, die nur von den alten und neuen Koordinaten abhängt, nicht aber von den alten und neuen Impulsen.

3 Nun setzen wir diese erzeugende Funktion in die Bedingung ein und führen die vollständige Ableitung aus.

4 **5** Durch den Vergleich der Koeffizienten von $\dot{q}_i$ und $\dot{Q}_i$ finden wir den Zusammenhang der neuen und alten Impulse mit der erzeugenden Funktion sowie den Zusammenhang zwischen den Hamilton-Funktionen vor und nach der Transformation.

6 **7** **8** Aus den anderen Kombinationen der alten und neuen Impulse bzw. Koordinaten ergeben sich drei weitere Klassen von Transformationen. Wie sich die kanonischen Transformationen zum Aufstellen der Bewegungsgleichungen eines System nutzen lassen, diskutieren wir auf der nächsten Seite an einem Beispiel.

Kanonische Transformation – Beispiel

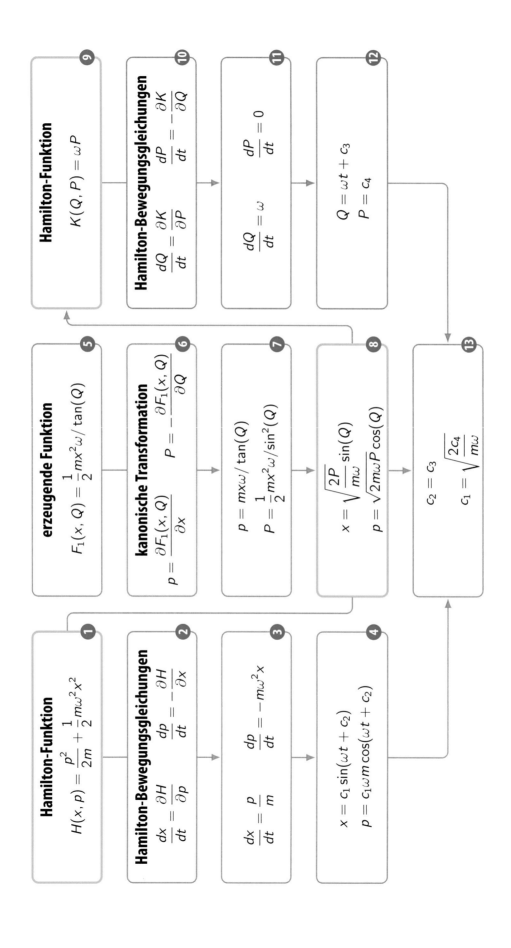

Hamilton-Funktion

$$H(x, p) = \frac{p^2}{2m} + \frac{1}{2}m\omega^2 x^2$$

(1)

Hamilton-Bewegungsgleichungen

$$\frac{dx}{dt} = \frac{\partial H}{\partial p} \qquad \frac{dp}{dt} = -\frac{\partial H}{\partial x}$$

(2)

$$\frac{dx}{dt} = \frac{p}{m} \qquad \frac{dp}{dt} = -m\omega^2 x$$

(3)

$$x = c_1 \sin(\omega t + c_2)$$
$$p = c_1 \omega m \cos(\omega t + c_2)$$

(4)

erzeugende Funktion

$$F_1(x, Q) = \frac{1}{2}m x^2 \omega / \tan(Q)$$

(5)

kanonische Transformation

$$p = \frac{\partial F_1(x, Q)}{\partial x} \qquad P = -\frac{\partial F_1(x, Q)}{\partial Q}$$

(6)

$$p = m x \omega / \tan(Q)$$
$$P = \frac{1}{2}m x^2 \omega / \sin^2(Q)$$

(7)

$$x = \sqrt{\frac{2P}{m\omega}} \sin(Q)$$
$$p = \sqrt{2m\omega P} \cos(Q)$$

(8)

Hamilton-Funktion

$$K(Q, P) = \omega P$$

(9)

Hamilton-Bewegungsgleichungen

$$\frac{dQ}{dt} = \frac{\partial K}{\partial P} \qquad \frac{dP}{dt} = -\frac{\partial K}{\partial Q}$$

(10)

$$\frac{dQ}{dt} = \omega \qquad \frac{dP}{dt} = 0$$

(11)

$$Q = \omega t + c_3$$
$$P = c_4$$

(12)

$$c_2 = c_3$$
$$c_1 = \sqrt{\frac{2c_4}{m\omega}}$$

(13)

Die Hamilton-Funktion des eindimensionalen harmonischen Oszillators lässt sich durch eine geschickt gewählte kanonische Transformation in eine sehr einfache Form überführen, die als Folge wiederum auch sehr einfache Bewegungsgleichungen liefert. Die strukturierte Methode, solche speziellen kanonischen Transformationen zu finden, ist Gegenstand der Hamilton-Jacobi-Theorie (Seite 129).

1 Wir beginnen mit der Hamilton-Funktion H eines eindimensionalen harmonischen Oszillators. Hier ist x der Ort, p der Impuls, m die Masse und ω die Eigenfrequenz.

2 3 Mit den Hamilton-Bewegungsgleichungen ergibt sich aus der Hamilton-Funktion ein System von zwei Differenzialgleichungen erster Ordnung in der Zeit t. ✏

4 Die allgemeine Lösung ist eine Schwingung im Ort und im Impuls. Die Konstanten c_1 und c_2 hängen von den Anfangsbedingungen ab. ✏

5 6 Nun betrachten wir eine kanonische Transformation der Koordinaten (x, p) zu den neuen Koordinaten (Q, P), die von der Funktion $F(x, Q)$ erzeugt wird. ✏

7 8 Wir lösen nun das Ergebnis auf x und p auf. ✏

9 Eingesetzt in die ursprüngliche Hamilton-Funktion ergibt sich eine neue, sehr einfache Hamilton-Funktion, die nur noch linear von P abhängt und komplett unabhängig von Q ist.

10 11 12 Mit den Hamilton-Bewegungsgleichungen ergibt sich aus dieser Hamilton-Funktion ein triviales System von Differenzialgleichungen. Die Lösung dieses Systems führt auf eine lineare Zeitabhängigkeit von Q und einen konstanten neuen Impuls P. Auch in diesem Fall hängen die Konstanten c_3 und c_4 von den Anfangsbedingungen ab.

13 Das Einsetzen dieser Lösungen in die Ausdrücke für x und p führt auf eine Äquivalenz der direkten Lösung und der Lösung über eine kanonische Transformation in ein neues System von Koordinaten. ✏

Finite versus infinitesimale kanonische Transformationen

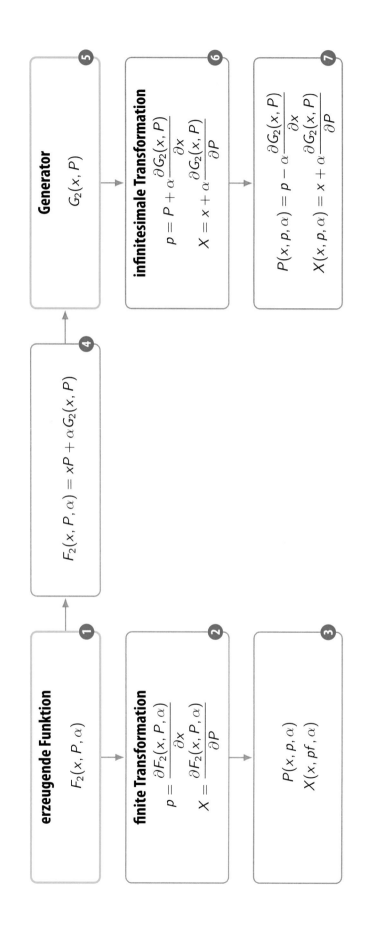

Wir vergleichen auf dieser Seite finite und infinitesimale (also endliche und unendlich kleine) kanonische Transformationen und deren erzeugende Funktionen. Wir beschränken uns auf ein System mit einem Freiheitsgrad; dies kann jedoch direkt auf mehrere Freiheitsgrade verallgemeinert werden.

① ② Wir betrachten eine kontinuierliche kanonische Transformation, die vom Parameter α abhängt und durch die erzeugende Funktion vom Typ $F_2(x, P, \alpha)$ erzeugt wird. Sie verknüpft (x, P) mit den (P, X).

③ Die beiden Gleichungen werden auf P und X aufgelöst und ergeben die Transformationsgleichungen.

④ ⑤ Nun entwickeln wir die erzeugende Transformation bis zur ersten Ordnung in α. Der Term xP erzeugt die (Nicht-)Transformation $X = x$ und $P = p$, wie wir durch Einsetzen direkt erkennen ✎. Wir bezeichnen den linearen Anteil in α als Generator $G_2(x, P)$.

⑥ ⑦ Dieser Generator erzeugt eine infinitesimale Transformation.

Beispiel:

Wir betrachten folgende erzeugende Funktion:

$$F_2(x, P, \alpha) = \frac{1}{2}\left(P^2 + x^2\right)\tan(\alpha) + \frac{Px}{\cos(\alpha)}$$

Aus ihr folgt ✎:

$$p = \frac{\partial F_2(x, P, \alpha)}{\partial x} = \frac{P + x\sin(\alpha)}{\cos(\alpha)}$$
$$X = \frac{\partial F_2(x, P, \alpha)}{\partial P} = \frac{x + P\sin(\alpha)}{\cos(\alpha)}$$

Durch Auflösen nach X und P sehen wir, dass F_2 den Impuls p und den Ort x ineinander rotiert: ✎

$$X = p\sin(\alpha) + x\cos(\alpha)$$
$$P = p\cos(\alpha) - x\sin(\alpha)$$

Eine Entwicklung der erzeugenden Funktion $F_2(x, P, \alpha)$ in α liefert den Generator der infinitesimalen Transformation $G_2(x, P)$:

$$F_2(x, P) = xP + \alpha\frac{1}{2}\left(P^2 + x^2\right) + O(\alpha^2) = xP + \alpha G_2(x, P) + O\left(\alpha^2\right)$$

Der Generator $G_2(x, P)$ erzeugt die infinitesimale Transformation: ✎

$$P = p - \alpha\frac{\partial G_2(x, P)}{\partial x} = p - \alpha x$$
$$X = x + \alpha\frac{\partial G_2(x, P)}{\partial P} = x + \alpha P = x + \alpha p + O(\alpha^2)$$

Diese Transformation entspricht der von $F_2(x, P, \alpha)$ erzeugten Transformation für kleine α.

115

Kanonische Transformation von Observablen

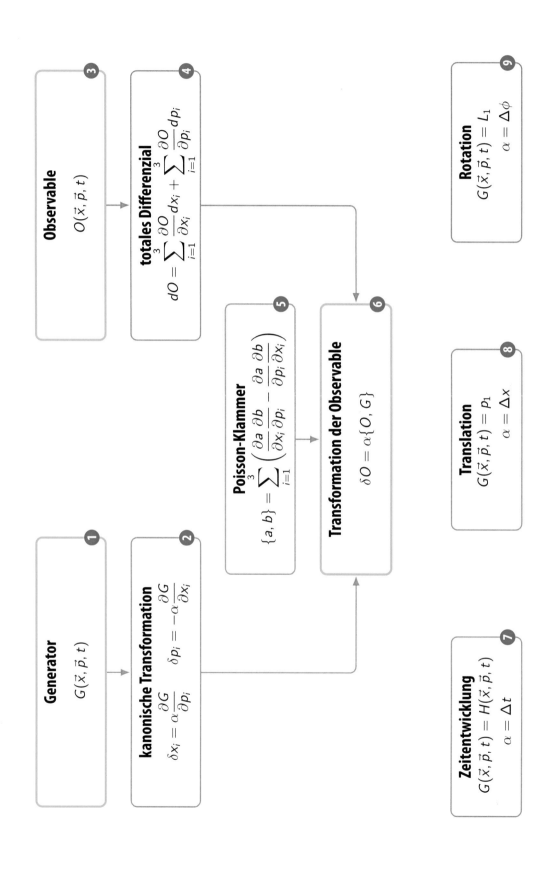

Generator ①
$$G(\vec{x}, \vec{p}, t)$$

kanonische Transformation ②
$$\delta x_i = \alpha \frac{\partial G}{\partial p_i} \qquad \delta p_i = -\alpha \frac{\partial G}{\partial x_i}$$

Observable ③
$$O(\vec{x}, \vec{p}, t)$$

totales Differenzial ④
$$dO = \sum_{i=1}^{3} \frac{\partial O}{\partial x_i} dx_i + \sum_{i=1}^{3} \frac{\partial O}{\partial p_i} dp_i$$

Poisson-Klammer ⑤
$$\{a, b\} = \sum_{i=1}^{3} \left(\frac{\partial a}{\partial x_i} \frac{\partial b}{\partial p_i} - \frac{\partial a}{\partial p_i} \frac{\partial b}{\partial x_i} \right)$$

Transformation der Observable ⑥
$$\delta O = \alpha \{O, G\}$$

Zeitentwicklung ⑦
$$G(\vec{x}, \vec{p}, t) = H(\vec{x}, \vec{p}, t)$$
$$\alpha = \Delta t$$

Translation ⑧
$$G(\vec{x}, \vec{p}, t) = p_1$$
$$\alpha = \Delta x$$

Rotation ⑨
$$G(\vec{x}, \vec{p}, t) = L_1$$
$$\alpha = \Delta \phi$$

Auf der vorherigen Seite haben wir die erzeugende Funktion einer infinitesimalen, kanonischen Transformation der Koordinaten und Impulse betrachtet. Hier diskutieren wir, wie diese Transformationen auf andere Observablen wirken.

① Wir betrachten eine infinitesimale, kanonische Transformation eines Teilchens mit dem Ort $\vec{x}$ und dem Impuls $\vec{p}$ in einem Potenzial. Diese Transformation wir durch $G(\vec{x}, \vec{p}, t)$ erzeugt.

② Diese Transformation ändert die Koordinaten und Impulse um δx_i bzw. δp_i, wobei hier α der Parameter der Transformation ist.

③ Eine Observable O dieses Systems ist eine physikalische Größe die sich als Funktion des Impulses, der Position und der Zeit t ausdrücken lässt.

④ Wir bilden nun das totale Differenzial der Observable nach der Zeit (Seite 19).

⑤ ⑥ Zusammen mit der Definition der Poisson-Klammer ergibt sich die Vorschrift für die infinitesimale, kanonische Transformation der Observable O.

⑦ Wir betrachten nun einige Beispiele für solche Transformationen. Der Generator der Zeitentwicklung ist die Hamilton-Funktion H (Seite 117).

⑧ Wenn wir $O = x_1$, $G = p_1$ und $\alpha = \Delta x$ setzen, ergibt sich mit den fundamentalen Poisson-Klammern

$$\{x_i, p_j\} = \delta_{ij}, \quad \{x_i, x_j\} = 0, \quad \{p_i, p_j\} = 0,$$

dass die Transformation die Koordinaten x_1 um Δx verschiebt:

$$\delta x_1 = \Delta x \{x_1, p_1\} = \Delta x$$

Der Generator der Translation ist also der Impuls.

⑨ Setzen wir dagegen die Observable gleich der Position des Teilchens $O = \vec{x}$ und den Generator gleich dem Drehimpuls $G = L_1 = (\vec{x} \times \vec{p})_1$, so ergeben sich folgende Poisson-Klammern für Ort und Drehimpuls:

$$\{x_1, L_1\} = \{x_1, x_2 p_3 - x_3 p_2\} = x_2\{x_1, p_3\} - x_3\{x_1, p_2\} = 0$$
$$\{x_2, L_1\} = \{x_2, x_2 p_3 - x_3 p_2\} = x_2\{x_2, p_3\} - x_3\{x_2, p_2\} = -x_3$$
$$\{x_3, L_1\} = \{x_3, x_2 p_3 - x_3 p_2\} = x_2\{x_3, p_3\} - x_3\{x_3, p_2\} = x_2$$

Wenn wir dieses Ergebnis mit der auf Seite 171 behandelten Rotation eines Vektors vergleichen,

$$\delta \vec{x} = \vec{x}_{\text{rot}} - \vec{x} = \Delta\phi \vec{n} \times \vec{x} = \Delta\phi \begin{pmatrix} 1 \\ 0 \\ 0 \end{pmatrix} \times \begin{pmatrix} x_1 \\ x_2 \\ x_3 \end{pmatrix} = \Delta\phi \begin{pmatrix} 0 \\ -x_3 \\ x_2 \end{pmatrix},$$

erkennen wir, dass der Drehimpuls der Generator der Rotation ist.

Noether-Theorem

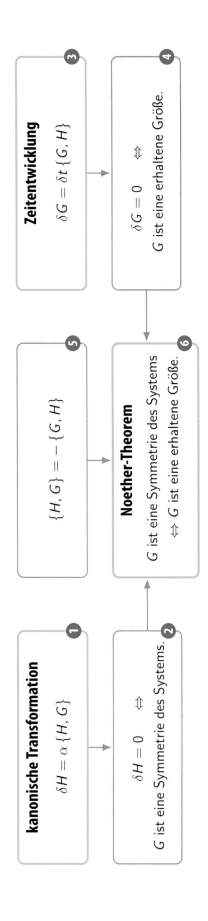

kanonische Transformation

$\delta H = \alpha \{H, G\}$ ➊

$\delta H = 0 \quad \Leftrightarrow$ ➋
G ist eine Symmetrie des Systems.

Zeitentwicklung

$\delta G = \delta t \{G, H\}$ ➌

$\delta G = 0 \quad \Leftrightarrow$ ➍
G ist eine erhaltene Größe.

$\{H, G\} = -\{G, H\}$ ➎

Noether-Theorem

G ist eine Symmetrie des Systems ➏
$\Leftrightarrow$ G ist eine erhaltene Größe.

Auf der vorherigen Seite haben wir die infinitesimale, kanonische Transformation von Observablen und deren Generatoren betrachtet. Ausgehend davon leiten wir auf dieser Seite eine kompakte Formulierung des Noether-Theorems im Hamilton-Formalismus her.

① Eine infinitesimale Transformation der Hamilton-Funktion H kann durch die Poisson-Klammer der Hamilton-Funktion mit dem Generator G ausgedrückt werden. Hier ist α ein infinitesimal kleiner Parameter.

② Verschwindet die Poisson-Klammer, so bedeutet das, dass durch die Transformation die Hamilton-Funkton unverändert bleibt. Eine solche Transformation nennen wir Symmetrietransformation und G den Generator der Symmetrie.

③ Auf der anderen Seite ist H selbst ein Generator einer Transformation: der infinitesimalen Zeitentwicklung.

④ Verschwindet diese Poisson-Klammer, so bedeutet das, dass sich G zeitlich nicht ändert, d.h. G, ist eine erhaltene Größe.

⑤⑥ Nun nutzen wir die Asymmetrie der Poisson-Klammer, vertauschen die beiden Argumente und kombinieren beide Aussagen. Damit ergibt sich das Noether-Theorem: Ist G ein Generator einer Symmetrietransformation, so ist G eine erhaltene Größe.

Hamilton-Jacobi-Gleichung

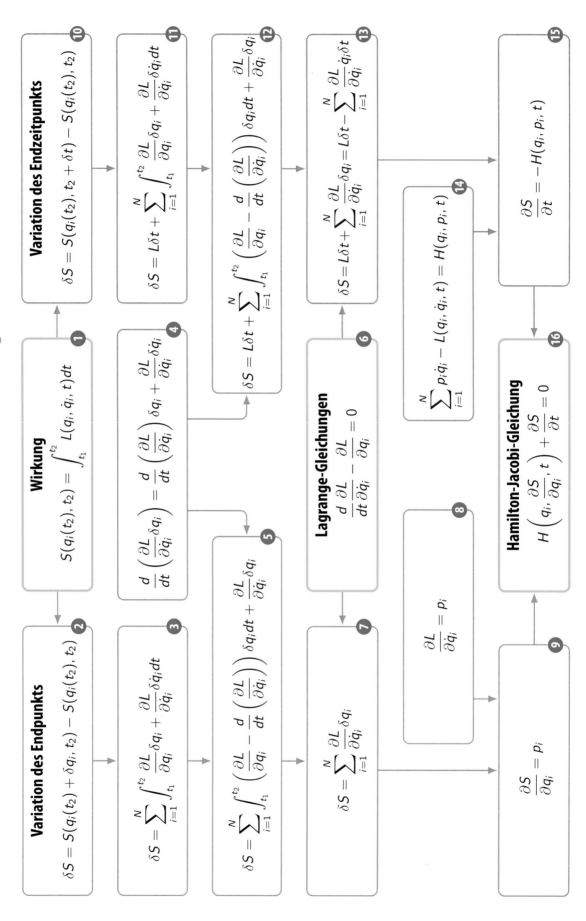

Wirkung ①

$$S(q_i(t_2), t_2) = \int_{t_1}^{t_2} L(q_i, \dot{q}_i, t)\,dt$$

Variation des Endpunkts ②

$$\delta S = S(q_i(t_2) + \delta q_i, t_2) - S(q_i(t_2), t_2)$$

③
$$\delta S = \sum_{i=1}^{N} \int_{t_1}^{t_2} \frac{\partial L}{\partial q_i}\delta q_i + \frac{\partial L}{\partial \dot{q}_i}\delta \dot{q}_i\,dt$$

④
$$\frac{d}{dt}\left(\frac{\partial L}{\partial \dot{q}_i}\delta q_i\right) = \frac{d}{dt}\left(\frac{\partial L}{\partial \dot{q}_i}\right)\delta q_i + \frac{\partial L}{\partial \dot{q}_i}\delta \dot{q}_i$$

⑤
$$\delta S = \sum_{i=1}^{N}\int_{t_1}^{t_2}\left(\frac{\partial L}{\partial q_i} - \frac{d}{dt}\left(\frac{\partial L}{\partial \dot{q}_i}\right)\right)\delta q_i\,dt + \frac{\partial L}{\partial \dot{q}_i}\delta q_i$$

Lagrange-Gleichungen ⑥

$$\frac{d}{dt}\frac{\partial L}{\partial \dot{q}_i} - \frac{\partial L}{\partial q_i} = 0$$

⑦
$$\delta S = \sum_{i=1}^{N}\frac{\partial L}{\partial \dot{q}_i}\delta q_i$$

⑧
$$\frac{\partial L}{\partial \dot{q}_i} = p_i$$

⑨
$$\frac{\partial S}{\partial q_i} = p_i$$

Variation des Endzeitpunkts ⑩

$$\delta S = S(q_i(t_2), t_2 + \delta t) - S(q_i(t_2), t_2)$$

⑪
$$\delta S = L\delta t + \sum_{i=1}^{N}\int_{t_1}^{t_2}\frac{\partial L}{\partial q_i}\delta q_i + \frac{\partial L}{\partial \dot{q}_i}\delta \dot{q}_i\,dt$$

⑫
$$\delta S = L\delta t + \sum_{i=1}^{N}\int_{t_1}^{t_2}\left(\frac{\partial L}{\partial q_i} - \frac{d}{dt}\left(\frac{\partial L}{\partial \dot{q}_i}\right)\right)\delta q_i\,dt + \frac{\partial L}{\partial \dot{q}_i}\delta q_i$$

⑬
$$\delta S = L\delta t + \sum_{i=1}^{N}\frac{\partial L}{\partial \dot{q}_i}\delta q_i = L\delta t - \sum_{i=1}^{N}\frac{\partial L}{\partial \dot{q}_i}\dot{q}_i\delta t$$

⑭
$$\sum_{i=1}^{N}p_i\dot{q}_i - L(q_i, \dot{q}_i, t) = H(q_i, p_i, t)$$

⑮
$$\frac{\partial S}{\partial t} = -H(q_i, p_i, t)$$

Hamilton-Jacobi-Gleichung ⑯

$$H\left(q_i, \frac{\partial S}{\partial q_i}, t\right) + \frac{\partial S}{\partial t} = 0$$

Als letzte Formulierung der klassischen Mechanik diskutieren wir die Hamilton-Jacobi-Gleichung. Sie kann aus den Lagrange-Gleichungen abgeleitet werden.

1 Die Wirkung S wurde auf Seite 95 als das Integral der Lagrange-Funktion L über die Zeit definiert. Das Hamilton-Prinzip besagt, dass sich ein System zwischen gegebenem Anfangszustand $(q_i(t_1), t_1)$ und Endzustand $(q_i(t_2), t_2)$ so bewegt, dass die Wirkung extremal wird. Anstatt die Bahn zwischen den Anfangs- und Endkonfigurationen zu variieren, nehmen wir hier an, dass wir die extremale Bahn kennen, und variieren die Endkonfiguration (q_2, t_2). Wir betrachten also die Wirkung entlang der physikalischen Trajektorie.

2 3 Zuerst betrachten wir die Änderung der Wirkung δS durch die Variation der Endposition $q_i(t_2)$ um δq_i bei festgehaltenem Endzeitpunkt.

4 5 Im nächsten Schritt nutzen wir die Produktregel der Ableitung und den allgemeinen Zusammenhang zwischen Ableitung und Integration

$$\int_a^b \frac{dF(x)}{dx}\,dx = F(b) - F(a).$$

6 7 Wir nehmen an, dass sich das System zwischen dem Anfangs- und dem Endzustand extremal verhält, d.h. die Lagrange-Gleichungen erfüllt sind (Seite 99).

8 9 Mit der Definition der Impulse p_i als der partiellen Ableitung der Lagrange-Funktion nach der Koordinate q_i erhalten wir den Zusammenhang zwischen Wirkung und Impulsen p_i.

10 Nun betrachten wir die Änderung der Wirkung δS durch die Variation des Endzeitpunkts t_2 um δt_2 bei festgehaltener Endposition.

11 Hier gibt es zwei Beiträge. Der eine stammt aus der Änderung des Endzeitpunkts des Zeitintegrals, der andere folgt aus der Änderung der Endpositionen durch die Variation des Endzeitpunkts.

12 Wir nutzen wieder die Produktregel und die Lagrange-Gleichungen.

13 Durch die Verschiebung des Endzeitpunkts t_2 in $t_2 + \delta t$ verschiebt sich $q_i(t_2)$ auf $q_i(t_2 + \delta t)$. Möchten wir den Endpunkt also wirklich konstant lassen, müssen wir q_i um folgende Größe zurück verschieben:

$$\delta q = -(q_i(t_2 + \delta t) - q_i(t_2)) = -\dot{q}_i \delta t$$

14 15 Aus dem Zusammenhang zwischen Lagrange-Funktion und Hamilton-Funktion ergibt sich die Hamilton-Funktion als negative partielle Ableitung der Wirkung nach der Zeit.

16 Aus dem Zusammenhang zwischen den Impulsen bzw. der Hamilton-Funktion und der Wirkung erhalten wir die sogenannte Hamilton-Jacobi-Differenzialgleichung. Sie ist die Bestimmungsgleichung der Wirkung betrachtet als Funktion der Endpunkte $q_i(t_2)$ und des Endzeitpunkts t_2.

Hamilton-Jacobi-Gleichung – Freies Teilchen

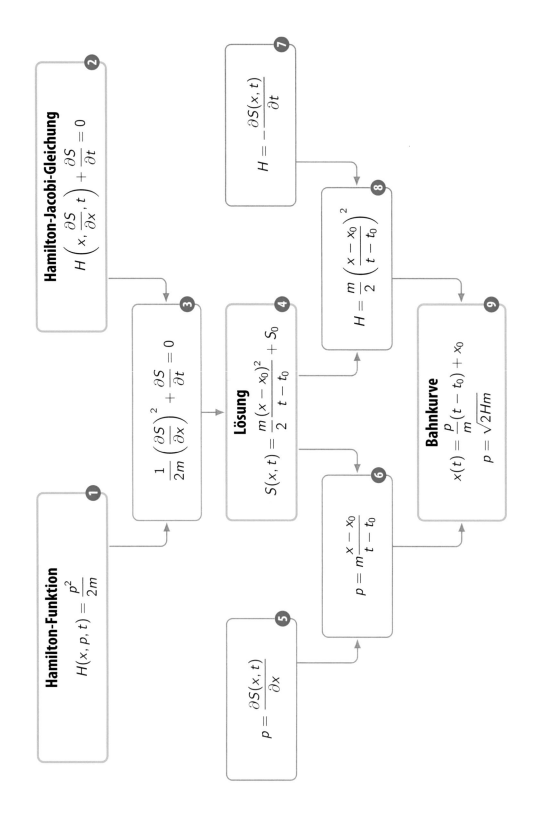

Hamilton-Funktion
$$H(x, p, t) = \frac{p^2}{2m}$$

①

Hamilton-Jacobi-Gleichung
$$H\left(x, \frac{\partial S}{\partial x}, t\right) + \frac{\partial S}{\partial t} = 0$$

②

$$\frac{1}{2m}\left(\frac{\partial S}{\partial x}\right)^2 + \frac{\partial S}{\partial t} = 0$$

③

Lösung
$$S(x, t) = \frac{m}{2}\frac{(x - x_0)^2}{t - t_0} + S_0$$

④

$$p = \frac{\partial S(x, t)}{\partial x}$$

⑤

$$H = -\frac{\partial S(x, t)}{\partial t}$$

⑦

$$H = \frac{m}{2}\left(\frac{x - x_0}{t - t_0}\right)^2$$

⑧

$$p = m\frac{x - x_0}{t - t_0}$$

⑥

Bahnkurve
$$x(t) = \frac{p}{m}(t - t_0) + x_0$$
$$p = \sqrt{2Hm}$$

⑨

Wir wenden den Hamilton-Jacobi-Formalismus auf das einfachste mögliche physikalische System an: das freie Teilchen in einer Raumdimension.

1 Die Hamilton-Funktion H ist gegeben als das Quadrat des Impulses p geteilt durch zweimal die Masse m.

2 3 Daraus ergibt sich die Hamilton-Jacobi-Gleichung für dieses Problem.

4 Die Hamilton-Jacobi-Gleichung ist eine Differenzialgleichung für die Wirkung S mit den Variablen Zeit t und Position x. Sie kann durch Separation der Variablen gelöst werden und hat die angegebene Funktion als Lösung, wie sich durch Einsetzen bestätigen lässt ✏️. Hier ist $S_0(x_0, t_0)$ die Wirkung zum Anfangszeitpunkt t_0.

5 6 Die partielle Ableitung der Wirkung nach der Position führt auf einen Zusammenhang zwischen Impuls, Ort und Zeit.

7 8 Durch die partielle Ableitung der Wirkung nach der Zeit erhalten wir einen Zusammenhang zwischen Hamilton-Funktion, Ort und Zeit.

9 So erhalten wir die Bahnkurve, eine gleichförmige Bewegung mit der Geschwindigkeit p/m, und bestätigen den Zusammenhang zwischen H and p.

Zeitunabhängige Hamilton-Jacobi-Gleichung

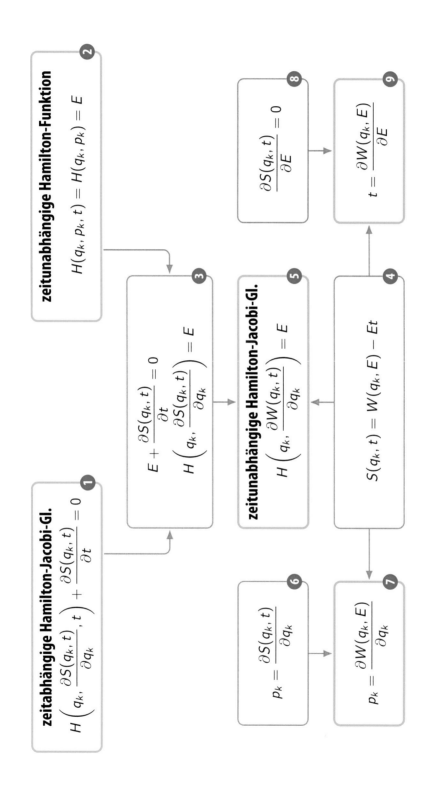

zeitunabhängige Hamilton-Funktion

$$H(q_k, p_k, t) = H(q_k, p_k) = E$$

(2)

zeitabhängige Hamilton-Jacobi-Gl.

$$H\left(q_k, \frac{\partial S(q_k, t)}{\partial q_k}, t\right) + \frac{\partial S(q_k, t)}{\partial t} = 0$$

(1)

$$H\left(q_k, \frac{\partial S(q_k, t)}{\partial q_k}\right) = E$$
$$E + \frac{\partial S(q_k, t)}{\partial t} = 0$$

(3)

zeitunabhängige Hamilton-Jacobi-Gl.

$$H\left(q_k, \frac{\partial W(q_k, t)}{\partial q_k}\right) = E$$

(5)

$$S(q_k, t) = W(q_k, E) - Et$$

(4)

$$\frac{\partial S(q_k, t)}{\partial E} = 0$$

(8)

$$t = \frac{\partial W(q_k, E)}{\partial E}$$

(9)

$$p_k = \frac{\partial S(q_k, t)}{\partial q_k}$$

(6)

$$p_k = \frac{\partial W(q_k, E)}{\partial q_k}$$

(7)

Für ein System mit einer Hamilton-Funktion ohne explizite Zeitabhängigkeit vereinfacht sich die Hamilton-Jacobi-Gleichung.

① Ausgangspunkt ist die zeitabhängige Hamilton-Jacobi-Gleichung. Hier sind H die Hamilton-Funktion, q_k die Koordinaten, S die Wirkung und t die Zeit.

② Ohne explizite Zeitabhängigkeit entspricht die Hamilton-Funktion der Energie E.

③ Damit können wir die Hamilton-Jacobi-Gleichung als ein System von zwei Differenzialgleichungen ausdrücken. Die erste Gleichung enthält nur eine Ableitung nach der Zeit, die zweite Gleichung enthält nur Ableitungen nach den Koordinaten.

④ Eine Lösung der ersten Gleichung ist offensichtlich der angegebene Ansatz. Hier ist W eine Funktion, die nicht explizit von der Zeit abhängt.

⑤ Setzen wir diesen Ansatz in die zweite Gleichung ein, so ergibt sich die zeitunabhängige Hamilton-Jacobi-Gleichung.

⑥⑦ Setzen wir diesen Ansatz in den Zusammenhang von Impulsen p_k und Wirkung ein, so erhalten wir den Zusammenhang von Impulsen und der Funktion W.

⑧⑨ Weil die Wirkung nicht explizit von der Energie E abhängt, verschwindet die entsprechende partielle Ableitung. Setzen wir erneut den Ansatz ein, so erhalten wir den Zusammenhang von der Zeit und der Funktion W.

Anmerkung:

Wir betrachten für den Fall eines Teilchens in einem konservativen, zeitunabhängigen Potenzial $V(\vec{x})$ eine alternative Ableitung der zeitunabhängigen Hamilton-Jacobi-Gleichung aus der Newton-Gleichung

$$\dot{\vec{p}} = -\vec{\nabla}V(\vec{x}).$$

In diesem Fall hängt der Impuls nur über die Position von der Zeit ab $\vec{p}(t) = \vec{p}(\vec{x}(t))$, und es gilt $\partial\vec{p}/\partial t = 0$. Nun bilden wir auf beiden Seiten die Rotation, führen die vollständige Ableitung aus und beachten, dass die Rotation eines Gradienten verschwindet:

$$\vec{\nabla}\times\left((\dot{\vec{x}}\cdot\vec{\nabla})\vec{p}\right) = \vec{\nabla}\times\left(\frac{1}{m}(\vec{p}\cdot\vec{\nabla})\vec{p}\right) = 0$$

Im nächsten Schritt nutzen wir die Identität (Seite 175)

$$(\vec{p}\cdot\vec{\nabla})\vec{p} = \frac{1}{2}\vec{\nabla}(\vec{p}\cdot\vec{p}) - \vec{p}\times(\vec{\nabla}\times\vec{p})$$

und ein weiteres Mal, dass die Rotation eines Gradienten verschwindet:

$$\vec{\nabla}\times(\vec{p}\times(\vec{\nabla}\times\vec{p})) = 0$$

Eine Lösung dieser Gleichung ist die Darstellung des Impulses $\vec{p} = \vec{\nabla}W$ als Gradient eines skalaren Felds W. Eingesetzt in die Energieerhaltung,

$$\frac{\vec{p}^2}{2m} + V = E$$

erhalten wir die Hamilton-Jacobi-Gleichung für den Fall eines Teilchens in einem konservativen, zeitunabhängigen Potenzial

$$\frac{(\vec{\nabla}W)^2}{2m} + V = E.$$

Zeitunabhängige Hamilton-Jacobi-Gleichung – Lineares Potenzial

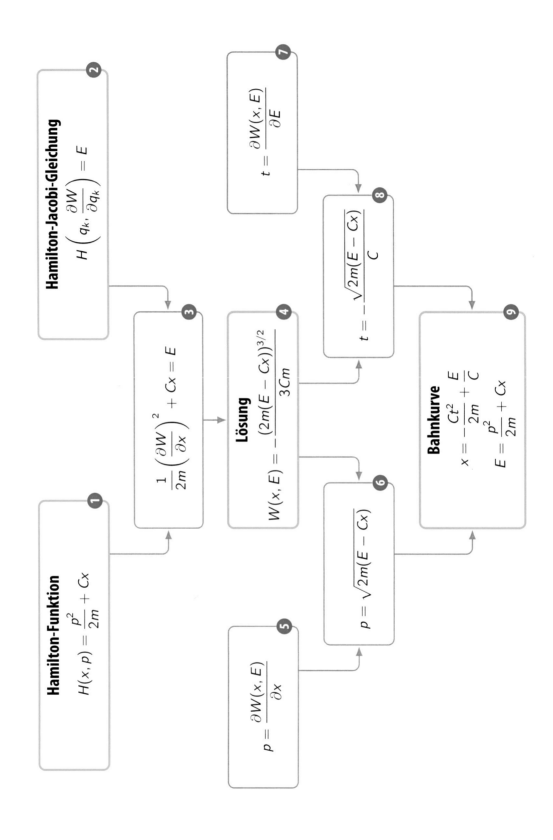

Hamilton-Jacobi-Gleichung ②

$$H\left(q_k, \frac{\partial W}{\partial q_k}\right) = E$$

Hamilton-Funktion ①

$$H(x, p) = \frac{p^2}{2m} + Cx$$

③

$$\frac{1}{2m}\left(\frac{\partial W}{\partial x}\right)^2 + Cx = E$$

Lösung ④

$$W(x, E) = -\frac{(2m(E - Cx))^{3/2}}{3Cm}$$

⑤

$$p = \frac{\partial W(x, E)}{\partial x}$$

⑥

$$p = \sqrt{2m(E - Cx)}$$

⑦

$$t = \frac{\partial W(x, E)}{\partial E}$$

⑧

$$t = -\frac{\sqrt{2m(E - Cx)}}{C}$$

Bahnkurve ⑨

$$x = -\frac{Ct^2}{2m} + \frac{E}{C}$$

$$E = \frac{p^2}{2m} + Cx$$

Wir wenden den Hamilton-Jacobi-Formalismus auf ein Teilchen in einem linearen Potenzial in einer Raumdimension an.

1 Die Hamilton-Funktion H ist gegeben als die Summe aus der Hamilton-Funktion des freien Teilchens und einem linearen Potenzial in der Position x. Hier ist C eine Konstante.

2 3 Daraus ergibt sich die zeitunabhängige Hamilton-Jacobi-Gleichung für dieses Problem.

4 Diese Differenzialgleichung für die Funktion $W(x, E)$ kann durch Separation der Variablen gelöst werden und hat die angegebene Funktion als Lösung, wie sich durch Einsetzen bestätigen lässt. ✎

5 6 Die partielle Ableitung der Funktion $W(x, E)$ nach der Position ergibt einen Zusammenhang zwischen Impuls, Ort und Energie.

7 8 Durch die partielle Ableitung der Funktion $W(x, E)$ nach der Energie E erhalten wir einen Zusammenhang zwischen Zeit, Ort und Energie.

9 Wir erhalten so einen quadratischen Zusammenhang von Zeit und Ort für die Bahnkurve (freier Fall!) und bestätigen den Zusammenhang zwischen Energie und Impuls.

Hamilton-Jacobi-Gleichung und kanonische Transformation

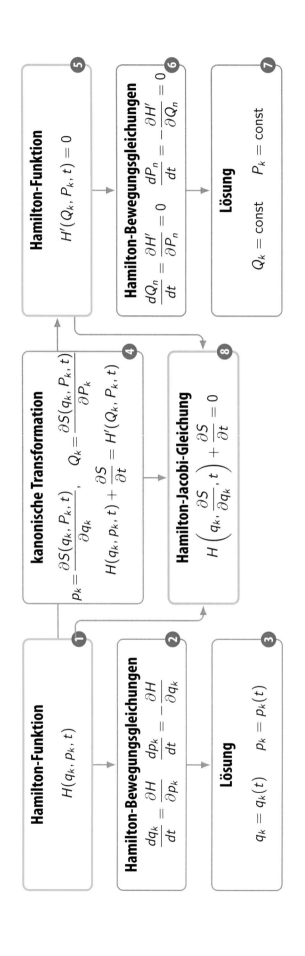

Wir betrachten nun spezielle kanonische Transformationen in neue Koordinaten, in denen die Hamilton-Funktion eine triviale Form annimmt.

①②③ In einem Ausgangssystem von Koordinaten q_k und Impulsen p_k ist die Bewegung bestimmt durch die angegebenen Hamilton-Bewegungsgleichungen. Die Lösung dieser Differenzialgleichungen ergibt den zeitlichen Verlauf der Koordinaten und Impulse.

④ Nun betrachten wir eine kanonische Transformation in die Koordinaten Q_n und P_n, die durch die Funktion S erzeugt werden soll.

⑤⑥⑦ In diesem neuen System soll die Hamilton-Funktion H' gleich null sein. Damit verschwinden auch die Ableitungen der Hamilton-Funktion in den Bewegungsgleichungen, die dadurch trivial werden und als Lösung konstante Koordinaten Q_k und Impulse P_k haben.

⑧ Aus der Forderung, dass die Hamilton-Funktion nach der Transformation verschwindet, und aus der Transformationsgleichung der Hamilton-Funktionen folgt die auf Seite 121 diskutierte Hamilton-Jacobi-Gleichung. Also ist die Wirkung die erzeugende Funktion einer kanonischen Transformation in ein System von Koordinaten und Impulsen, in dem die Bewegungsgleichungen trivial werden.

Prinzipien der Mechanik

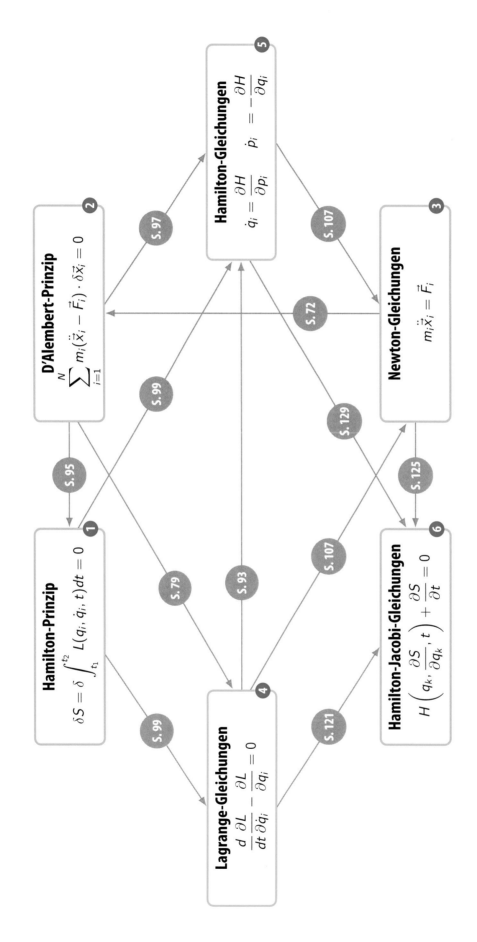

Auf dieser Seite betrachten wir eine Übersicht der verschiedenen, gleichwertigen Prinzipien der Mechanik und auf welchen Seiten (Seitenzahlen in den grauen Kreisen) deren Zusammenhänge in diesem Buch diskutiert werden.

❶ Das Hamilton-Prinzip vergleicht mit den Zwangsbedingungen verträgliche Bahnen eines Systems zwischen dem Beginn und dem Ende der Bewegung. Für die physikalisch realisierte Bahn wird die Wirkung extremal.

❷ Das D'Alembert-Prinzip vergleicht zu einem bestimmten Zeitpunkt Zustände des Systems, die mit den Zwangsbedingungen verträglich und durch eine virtuelle Verschiebung verbunden sind.

❸ Die Newton-Gleichungen liefern ausgehend von dem Potenzial die Bewegungsgleichungen und sind invariant unter Galilei-Transformation.

❹ Ausgangspunkt der Lagrange-Gleichungen ist die Lagrange-Funktion. Sie sind invariant unter Koordinatentransformationen.

❺ Die Hamilton-Gleichungen sind Differenzialgleichungen für Koordinaten und Impulse, die invariant unter kanonischen Transformationen sind.

❻ Die Hamilton-Jacobi-Gleichung ist eine Differenzialgleichung für die Wirkung der physikalisch realisierten Bahn.

Kapitel 6
Schwingungen

© Springer-Verlag GmbH Deutschland, ein Teil von Springer Nature 2021
M. Wick, *Klassische Mechanik mit Concept-Maps*,
https://doi.org/10.1007/978-3-662-62544-6_6

Einfache Schwingung

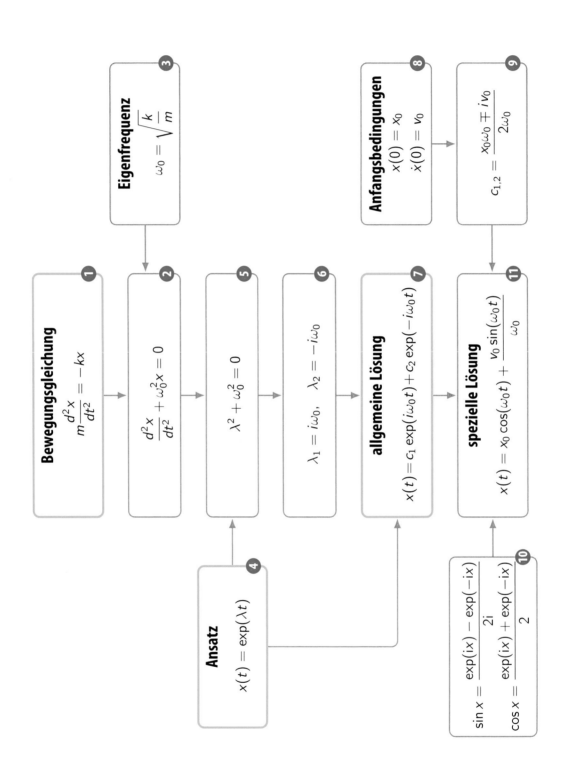

Eigenfrequenz ③

$$\omega_0 = \sqrt{\frac{k}{m}}$$

Anfangsbedingungen ⑧

$$x(0) = x_0$$
$$\dot{x}(0) = v_0$$

⑨

$$c_{1,2} = \frac{x_0\omega_0 \mp iv_0}{2\omega_0}$$

Bewegungsgleichung ①

$$m\frac{d^2x}{dt^2} = -kx$$

②

$$\frac{d^2x}{dt^2} + \omega_0^2 x = 0$$

⑤

$$\lambda^2 + \omega_0^2 = 0$$

⑥

$$\lambda_1 = i\omega_0, \quad \lambda_2 = -i\omega_0$$

allgemeine Lösung ⑦

$$x(t) = c_1\exp(i\omega_0 t) + c_2\exp(-i\omega_0 t)$$

spezielle Lösung ⑪

$$x(t) = x_0\cos(\omega_0 t) + \frac{v_0\sin(\omega_0 t)}{\omega_0}$$

Ansatz ④

$$x(t) = \exp(\lambda t)$$

⑩

$$\sin x = \frac{\exp(ix) - \exp(-ix)}{2i}$$
$$\cos x = \frac{\exp(ix) + \exp(-ix)}{2}$$

Wir diskutieren die Bewegung des eindimensionalen harmonischen Oszillators, also das Verhalten eines Teilchens mit einer Rückstellkraft, die proportional zur Auslenkung ist.

(1) Wir beginnen mit der Newton-Gleichung des Systems. Hier wird das Produkt aus Beschleunigung d^2x/dt^2 und Masse m einer linearen Rückstellkraft gleichgesetzt, deren Stärke durch k parametrisiert ist.

(2)(3) Zunächst fassen wir die beiden Konstanten m und k zu einer neuen Konstante ω_0 zusammen, die wir Eigenfrequenz nennen.

(4)(5) Wir nutzen einen Exponentialansatz zur Lösung der Differenzialgleichung. Durch Einsetzen erhalten wir die angegebene Bestimmungsgleichung für den Parameter λ.

(6) Diese quadratische Gleichung hat zwei komplexe Lösungen.

(7) Die allgemeine Lösung der Differenzialgleichung ist nun die Summe der beiden Beiträge, jeweils gewichtet mit den Konstanten c_1 und c_2.

(8)(9) Für die gegebene Anfangsposition x_0 und Anfangsgeschwindigkeit v_0 führt die allgemeine Lösung auf folgende Gleichungen: ✎

$$x_0 = \quad c_1 + c_2$$
$$v_0 = \quad i\omega_0(c_1 - c_2)$$

Daraus erhalten wir die angegebenen Ausdrücke für c_1 und c_2.

(10)(11) Nun nutzen wir den Zusammenhang zwischen den trigonometrischen Funktionen und der Exponentialfunktion und erhalten so die Lösung der Differenzialgleichung ausgedrückt durch die Anfangsbedingungen.

Gedämpfte Schwingung

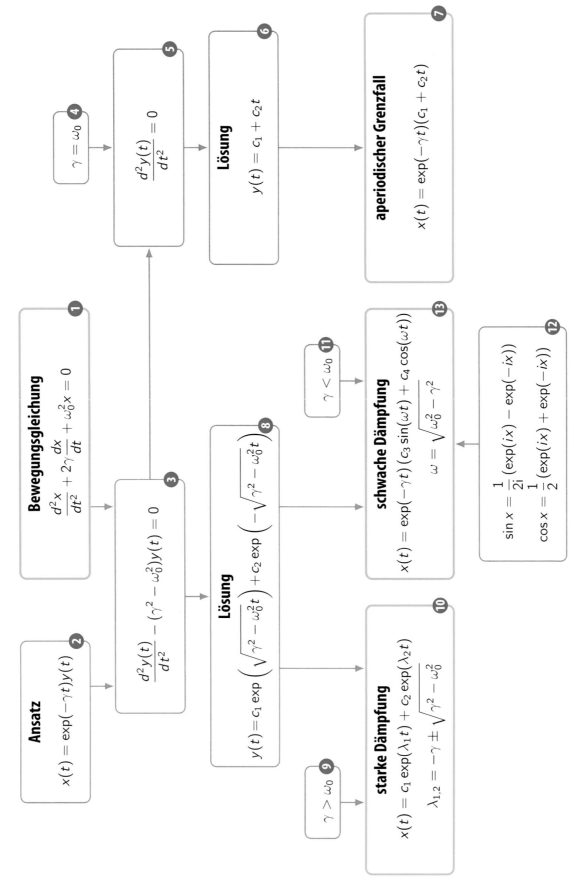

Bewegungsgleichung ➊

$$\frac{d^2x}{dt^2} + 2\gamma\frac{dx}{dt} + \omega_0^2 x = 0$$

Ansatz ➋

$$x(t) = \exp(-\gamma t)y(t)$$

➌

$$\frac{d^2y(t)}{dt^2} - (\gamma^2 - \omega_0^2)y(t) = 0$$

➍

$$\gamma = \omega_0$$

➎

$$\frac{d^2y(t)}{dt^2} = 0$$

Lösung ➏

$$y(t) = c_1 + c_2 t$$

aperiodischer Grenzfall ➐

$$x(t) = \exp(-\gamma t)(c_1 + c_2 t)$$

Lösung ➑

$$y(t) = c_1 \exp\left(\sqrt{\gamma^2 - \omega_0^2}\, t\right) + c_2 \exp\left(-\sqrt{\gamma^2 - \omega_0^2}\, t\right)$$

➒

$$\gamma > \omega_0$$

starke Dämpfung ➓

$$x(t) = c_1 \exp(\lambda_1 t) + c_2 \exp(\lambda_2 t)$$

$$\lambda_{1,2} = -\gamma \pm \sqrt{\gamma^2 - \omega_0^2}$$

⓫

$$\gamma < \omega_0$$

schwache Dämpfung ⓭

$$x(t) = \exp(-\gamma t)\left(c_3 \sin(\omega t) + c_4 \cos(\omega t)\right)$$

$$\omega = \sqrt{\omega_0^2 - \gamma^2}$$

⓬

$$\sin x = \frac{1}{2i}\left(\exp(ix) - \exp(-ix)\right)$$

$$\cos x = \frac{1}{2}\left(\exp(ix) + \exp(-ix)\right)$$

Je nach ihrer Stärke führt eine Dämpfung des harmonischen Oszillators zu drei qualitativ unterschiedlichen Bewegungen.

① Wir beginnen mit der Bewegungsgleichung eines gedämpften harmonischen Oszillators. Hier ist x der Ort, t die Zeit und γ die Dämpfungskonstante. Die drei Terme der Gleichung entsprechen der Beschleunigung, der Reibung und der linearen Rückstellkraft. Die Kraftkonstante wurde durch die Eigenfrequenz ω_0 des ungedämpften Oszillators ersetzt.

②③ Der angegebene Produktansatz überführt die Differenzialgleichung in eine einfachere Form ohne einen Term mit einfacher Zeitableitung. Hier ist $y(t)$ eine neue Funktion. ✎

④⑤ Falls der Reibungskoeffizient gleich der Eigenfrequenz des ungedämpften Oszillators ist, vereinfacht sich die Differenzialgleichung abermals.

⑥ Die allgemeine Lösung dieser Differenzialgleichung ist eine lineare Funktion in der Zeit, die durch die Konstanten c_1 und c_2 parametrisiert wird. Diese Konstanten werden aus den Anfangsbedingungen für Ort und Geschwindigkeit bestimmt.

⑦ Wir multiplizieren diese Lösung mit der Exponentialfunktion aus dem Produktansatz und erhalten so die Lösung für den sogenannten aperiodischen Grenzfall.

⑧ Falls der Reibungskoeffizient ungleich der Eigenfrequenz des ungedämpften Oszillators ist, ist die allgemeine Lösung der Differenzialgleichung eine Summe aus zwei Exponentialfunktionen, die sich jeweils im Exponenten im Vorzeichen unterscheiden (siehe vorherige Seite).

⑨⑩ Für den Fall, dass der Reibungskoeffizient größer ist als die Eigenfrequenz, bleibt die Wurzel reell, und die Lösung ist eine Überlagerung von zwei mit der Zeit abfallenden Exponentialfunktionen.

⑪⑫⑬ Für den Fall, dass der Reibungskoeffizient kleiner als die Eigenfrequenz ist, wird die Wurzel imaginär, und die auftretenden komplexen Exponentialfunktionen können durch trigonometrische Funktionen ersetzt werden. Insgesamt ergibt sich so eine Oszillation mit einer in der Zeit exponentiell kleiner werdenden Amplitude.

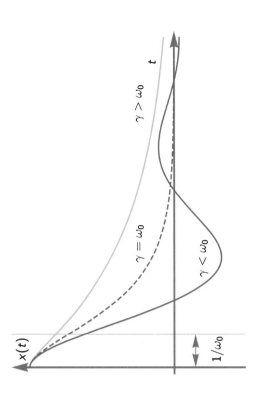

137

Erzwungene Schwingung

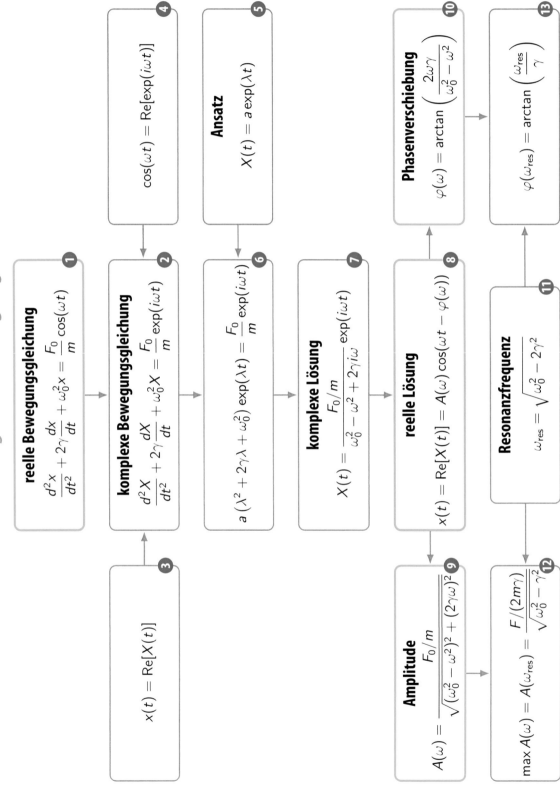

1 reelle Bewegungsgleichung
$$\frac{d^2x}{dt^2} + 2\gamma\frac{dx}{dt} + \omega_0^2 x = \frac{F_0}{m}\cos(\omega t)$$

4 $\cos(\omega t) = \mathrm{Re}[\exp(i\omega t)]$

5 Ansatz
$$X(t) = a\exp(\lambda t)$$

2 komplexe Bewegungsgleichung
$$\frac{d^2X}{dt^2} + 2\gamma\frac{dX}{dt} + \omega_0^2 X = \frac{F_0}{m}\exp(i\omega t)$$

3 $x(t) = \mathrm{Re}[X(t)]$

6 $a\left(\lambda^2 + 2\gamma\lambda + \omega_0^2\right)\exp(\lambda t) = \frac{F_0}{m}\exp(i\omega t)$

7 komplexe Lösung
$$X(t) = \frac{F_0/m}{\omega_0^2 - \omega^2 + 2\gamma i\omega}\exp(i\omega t)$$

8 reelle Lösung
$$x(t) = \mathrm{Re}[X(t)] = A(\omega)\cos(\omega t - \varphi(\omega))$$

9 Amplitude
$$A(\omega) = \frac{F_0/m}{\sqrt{(\omega_0^2 - \omega^2)^2 + (2\gamma\omega)^2}}$$

10 Phasenverschiebung
$$\varphi(\omega) = \arctan\left(\frac{2\omega\gamma}{\omega_0^2 - \omega^2}\right)$$

11 Resonanzfrequenz
$$\omega_\mathrm{res} = \sqrt{\omega_0^2 - 2\gamma^2}$$

12 $\max A(\omega) = A(\omega_\mathrm{res}) = \frac{F/(2m\gamma)}{\sqrt{\omega_0^2 - \gamma^2}}$

13 $\varphi(\omega_\mathrm{res}) = \arctan\left(\frac{\omega_\mathrm{res}}{\gamma}\right)$

Wir diskutieren, wie der eindimensionale gedämpfte harmonische Oszillator (siehe vorherige Seite) auf eine periodische Anregung in Form einer oszillierenden äußeren Kraft reagiert.

① Wir starten mit der Bewegungsgleichung eines gedämpften harmonischen Oszillators in einer Dimension und mit einer externen Kraft. Hier ist x der Ort, t die Zeit, γ die Dämpfungskonstante und ω_0 die Eigenkreisfrequenz des ungedämpften Oszillators. Die externe Kraft oszilliert mit der Anregungsfrequenz ω und hat eine Amplitude F_0.

②③④ Zur Lösung dieser reellen Differenzialgleichung wenden wir einen Trick an: Wir betrachten eine Differenzialgleichung für eine komplexe Variable $X(t)$, deren Realteil der ursprünglichen Differenzialgleichung für die Variable $x(t)$ entspricht.

⑤⑥ Diese komplexe Differenzialgleichung lösen wir wieder mit einem Exponentialansatz. Hier sind λ und a komplexe Parameter, die im Weiteren bestimmt werden. Wir setzen den Ansatz in die komplexe Differenzialgleichung ein und erhalten nach dem Ausführen der Ableitung den angegebenen Ausdruck.

⑦ Beide Seiten der letzten Gleichung bestehen aus einer Exponentialfunktion mit einem Vorfaktor. Aus der Übereinstimmung der Vorfaktoren bzw. der Argumente der Exponentialfunktionen ergeben sich Ausdrücke für a sowie für λ, und wir erhalten eine Lösung der komplexen Differenzialgleichung.

⑧⑨⑩ Nun berechnen wir den Realteil von $X(t)$, indem wir den folgenden Zusammenhang nutzen,

$$x + iy = \sqrt{x^2 + y^2}\,\exp\left(i\arctan\left(\frac{y}{x}\right)\right),$$

und die Euler-Gleichung $\exp(iy) = \cos(y) + i\sin(y)$ anwenden (Seite 165). Die reelle Amplitude $A(\omega)$ und die Phasenverschiebung $\varphi(\omega)$ zwischen der anregenden Kraft und $x(t)$ hängen von der Anregungsfrequenz ω ab.

⑪⑫⑬ Die Amplitude der Schwingung wird maximal ($dA(\omega)/d\omega = 0$) an der Resonanzfrequenz ω_{res} ✎. Hier nehmen die Amplitude und die Phasenverschiebung die angegebenen Werte an.

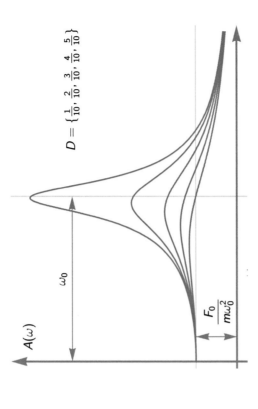

$A(\omega)$

ω_0

$\dfrac{F_0}{m\omega_0^2}$

$D = \left\{\dfrac{1}{10}, \dfrac{2}{10}, \dfrac{3}{10}, \dfrac{4}{10}, \dfrac{5}{10}\right\}$

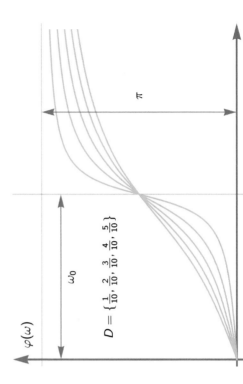

$\varphi(\omega)$

π

ω_0

$D = \left\{\dfrac{1}{10}, \dfrac{2}{10}, \dfrac{3}{10}, \dfrac{4}{10}, \dfrac{5}{10}\right\}$

Deformation eines Mehrteilchensystems

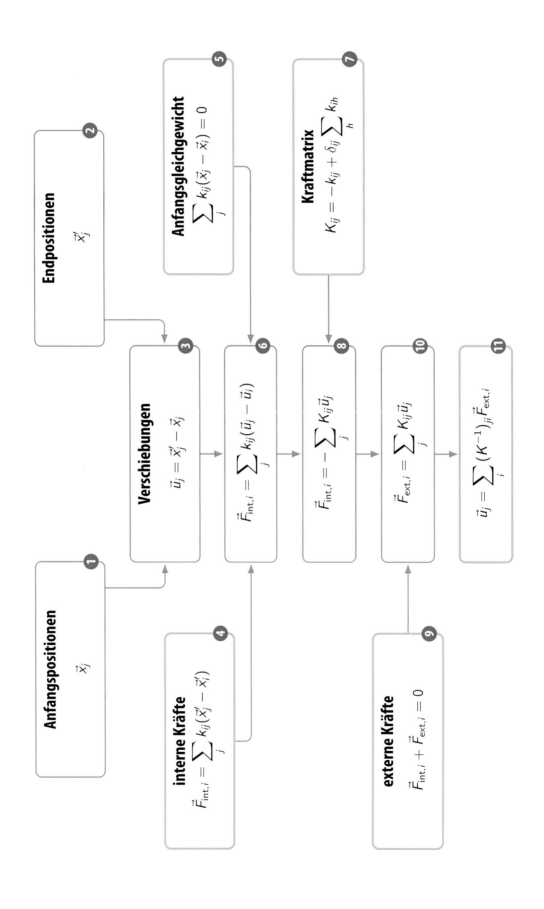

Anfangspositionen
$\vec{x}_j$

1

Endpositionen
$\vec{x}'_j$

2

Verschiebungen
$\vec{u}_j = \vec{x}'_j - \vec{x}_j$

3

interne Kräfte
$\vec{F}_{\text{int},i} = \sum_j k_{ij}(\vec{x}'_j - \vec{x}'_i)$

4

Anfangsgleichgewicht
$\sum_j k_{ij}(\vec{x}_j - \vec{x}_i) = 0$

5

$\vec{F}_{\text{int},i} = \sum_j k_{ij}(\vec{u}_j - \vec{u}_i)$

6

Kraftmatrix
$K_{ij} = -k_{ij} + \delta_{ij}\sum_h k_{ih}$

7

$\vec{F}_{\text{int},i} = -\sum_j K_{ij}\vec{u}_j$

8

externe Kräfte
$\vec{F}_{\text{int},i} + \vec{F}_{\text{ext},i} = 0$

9

$\vec{F}_{\text{ext},i} = \sum_j K_{ij}\vec{u}_j$

10

$\vec{u}_j = \sum_i (K^{-1})_{ji}\vec{F}_{\text{ext},i}$

11

Wir betrachten ein System von Teilchen, die sowohl Kräfte aufeinander ausüben als auch externen Kräften ausgesetzt sind.

①② Die externen Kräfte verschieben die N Teilchen aus ihren anfänglichen Gleichgewichtspositionen $\vec{x}_j$ zu neuen Positionen $\vec{x}'_j$.

③ Wir bezeichnen die Differenz der Anfangs- und Endpositionen mit $\vec{u}_j$.

④ Die internen Kräfte sollen linear vom Abstand der jeweiligen Teilchen abhängen und entlang deren Verbindungslinie wirken. Die Stärke der Wechselwirkung zwischen dem Teilchen i und dem Teilchen j wird durch die Konstante k_{ij} bestimmt.

⑤ In Abwesenheit von externen Kräften sollen sich die Teilchen im Gleichgewicht befinden, und die internen Kräfte sollen sich auf heben.

⑥ Das heißt, dass die internen Kräfte nur durch die Verschiebungen ausgedrückt werden können.

⑦⑧ Nun führen wir die $N \times N$ dimensionale Kraftmatrix K_{ij} ein und bringen die Summe auf die angegebene Form:

$$\vec{F}_{\text{int},i} = -\sum_j K_{ij}\vec{u}_j = \sum_j \left(k_{ij} - \delta_{ij}\sum_h k_{ih}\right)\vec{u}_j$$
$$= \sum_j k_{ij}\vec{u}_j - \sum_{j,h}\delta_{ij}k_{ih}\vec{u}_j = \sum_j k_{ij}\vec{u}_j - \sum_h k_{ih}\vec{u}_i$$
$$= \sum_j k_{ij}\vec{u}_j - \sum_j k_{ij}\vec{u}_i = \sum_j k_{ij}(\vec{u}_j - \vec{u}_i)$$

Hier ist δ_{ij} das Kronecker-Delta.

⑨⑩ Für eine neue Gleichgewichtskonfiguration müssen die internen gleich der negativen externen Kräfte sein. So ergibt sich ein direkter Zusammenhang zwischen den auftretenden Verschiebungen $\vec{u}_i$ aus den anfänglichen Gleichgewichtspositionen und den externen Kräften.

⑪ Die Verschiebungen bei gegebenen externen Kräften sind dann durch das Matrixprodukt der externen Kräfte mit der invertierten Kraftmatrix K^{-1} gegeben.

Beispiel:

Als Beispiel für eine Deformation eines Mehrteilchensystems betrachten wir drei reibungslos auf einer Schiene gleitende identische Massen, die mit zwei Federn mit der Federkonstante k verbunden sind. Wir nehmen an, dass der linke Wagen fixiert ist: $u_1 = 0$. So ergeben sich folgende Zusammenhänge zwischen den Kräften F_i und den Verschiebungen u_i aus den Gleichgewichtspositionen:

$$F_1 = ku_2$$
$$F_2 = -ku_2 + k(u_3 - u_2)$$
$$F_3 = k(u_2 - u_3)$$

Also gilt: $k_{12} = k_{21} = k_{23} = k_{32} = k$ und $k_{13} = k_{31} = 0$. Dieses System hat für u_2 und u_3 folgende Matrizen:

$$K = k\begin{pmatrix} 2 & -1 \\ -1 & 1 \end{pmatrix}, \quad K^{-1} = \frac{1}{k}\begin{pmatrix} 1 & 1 \\ 1 & 2 \end{pmatrix}$$

Eine externe Kraft F_3, die am rechten Wagen angreift, führt auf eine doppelt so große Verschiebung im Vergleich zum mittleren Wagen:

$$\begin{pmatrix} u_2 \\ u_3 \end{pmatrix} = K^{-1}\begin{pmatrix} 0 \\ F_3 \end{pmatrix} = \frac{F_3}{k}\begin{pmatrix} 1 \\ 2 \end{pmatrix}$$

Dagegen bewirkt eine externe Kraft F_2, die nur am mittleren Wagen wirkt, auf eine gleich große Verschiebung wie des rechten und des mittleren Wagens:

$$\begin{pmatrix} u_2 \\ u_3 \end{pmatrix} = K^{-1}\begin{pmatrix} F_2 \\ 0 \end{pmatrix} = \frac{F_2}{k}\begin{pmatrix} 1 \\ 1 \end{pmatrix}$$

Schwingung mit mehreren Freiheitsgraden

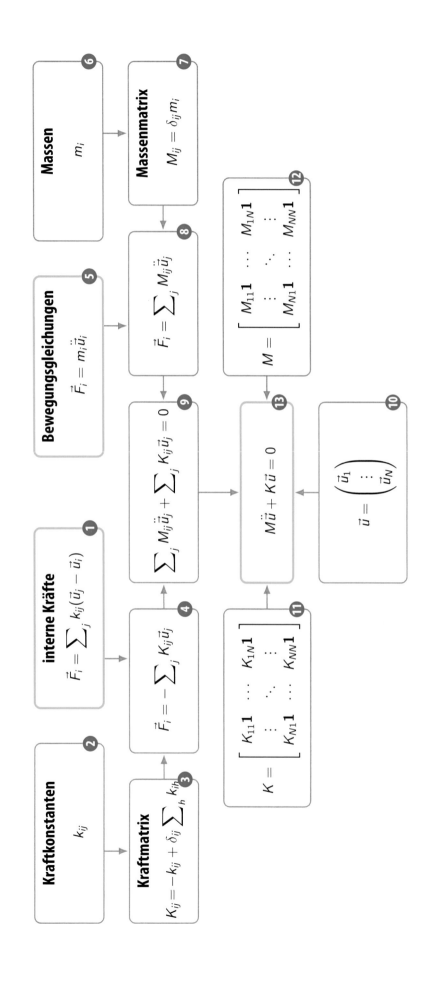

interne Kräfte
$$\vec{F}_i = \sum_j k_{ij}(\vec{u}_j - \vec{u}_i)$$
1

Kraftkonstanten
$$k_{ij}$$
2

Kraftmatrix
$$K_{ij} = -k_{ij} + \delta_{ij}\sum_h k_{ih}$$
3

$$\vec{F}_i = -\sum_j K_{ij}\vec{u}_j$$
4

Bewegungsgleichungen
$$\vec{F}_i = m_i\ddot{\vec{u}}_i$$
5

Massen
$$m_i$$
6

Massenmatrix
$$M_{ij} = \delta_{ij}m_i$$
7

$$\vec{F}_i = \sum_j M_{ij}\ddot{\vec{u}}_j$$
8

$$\sum_j M_{ij}\ddot{\vec{u}}_j + \sum_j K_{ij}\vec{u}_j = 0$$
9

$$\vec{u} = \begin{pmatrix} \vec{u}_1 & \cdots & \vec{u}_N \end{pmatrix}$$
10

$$K = \begin{bmatrix} K_{11}\mathbf{1} & \cdots & K_{1N}\mathbf{1} \\ \vdots & \ddots & \vdots \\ K_{N1}\mathbf{1} & \cdots & K_{NN}\mathbf{1} \end{bmatrix}$$
11

$$M = \begin{bmatrix} M_{11}\mathbf{1} & \cdots & M_{1N}\mathbf{1} \\ \vdots & \ddots & \vdots \\ M_{N1}\mathbf{1} & \cdots & M_{NN}\mathbf{1} \end{bmatrix}$$
12

$$M\ddot{\vec{u}} + K\vec{u} = 0$$
13

Auf dieser Seite betrachten wir das dynamische Verhalten des auf der vorherigen Seite behandelten Systems.

1 Abhängig vom jeweiligen Abstand zu den anderen Teilchen wirkt auf ein Teilchen i eine interne Kraft $\vec{F}_i$.

2 Die Stärke der Kräfte zwischen den Teilchen ist proportional zu den Kraftkonstanten k_{ij}.

3 4 Die internen Kräfte lassen sich mithilfe der Kraftmatrix (vorherige Seite) auf die angegebene Form bringen.

5 Nicht verschwindende Kräfte führen gemäß der Newton-Gleichungen auf eine Beschleunigung der einzelnen Teilchen.

6 7 8 Auch diese Bewegungsgleichungen für die einzelnen Teilchen lassen sich mit der sogenannten Massenmatrix M als Produkt mit einer Matrix darstellen.

9 Damit ergibt sich ein System von $3N$ gekoppelten homogenen linearen Differenzialgleichungen zweiter Ordnung mit konstanten Koeffizienten zur Bestimmung der Bewegung der $3N$ Freiheitgrade.

10 11 Um die Gleichung auf eine kompaktere Form zu bringen, führen wir eine leicht veränderte Definition der Massen und der Kraftmatrix ein. Wir multiplizieren jeweils die Elemente der $N \times N$-Matrizen mit der Einheitsmatrix $\mathbf{1}$ in drei Dimensionen und erhalten so $3N \times 3N$-Matrizen.

12 13 Außerdem fassen wir die N dreidimensionalen Vektoren $\vec{u}_i$ zu einem einzigen Vektor $\vec{u}$ mit $3N$ Komponenten zusammen und erhalten die finale Form der Bewegungsgleichungen. Zusammen mit den Anfangsbedingungen bilden sie die Grundlage zur Berechnung der Bahnkurven der Teilchen. Auf der folgenden Seite werden wir spezielle Bewegungen solcher Systeme kennenlernen – die sogenannten Eigenschwingungen.

Schwingung versus Rotation

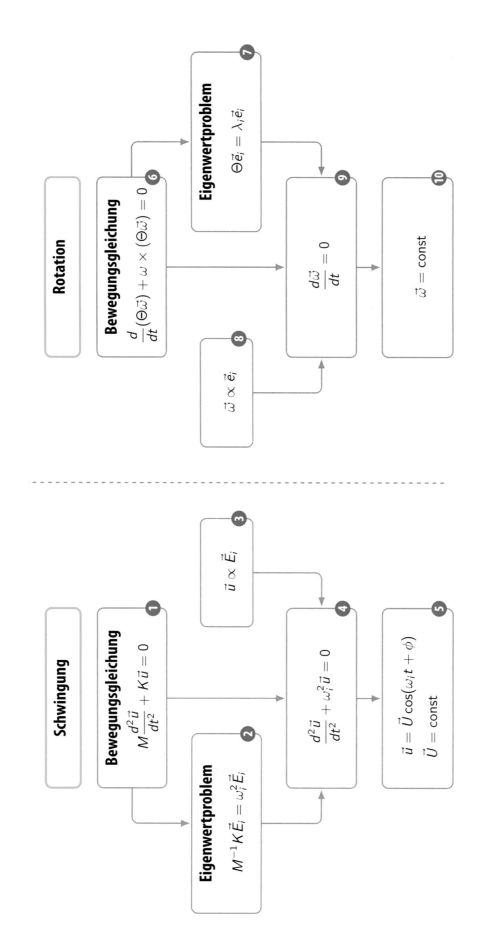

Schwingung

1 **Bewegungsgleichung**
$$M\frac{d^2\vec{u}}{dt^2} + K\vec{u} = 0$$

2 **Eigenwertproblem**
$$M^{-1}K\vec{E}_i = \omega_i^2\vec{E}_i$$

3 $\vec{u} \propto \vec{E}_i$

4 $$\frac{d^2\vec{u}}{dt^2} + \omega_i^2\vec{u} = 0$$

5 $\vec{u} = \vec{U}\cos(\omega_i t + \phi)$
$\vec{U} = \text{const}$

Rotation

6 **Bewegungsgleichung**
$$\frac{d}{dt}(\Theta\vec{\omega}) + \omega \times (\Theta\vec{\omega}) = 0$$

7 **Eigenwertproblem**
$$\Theta\vec{e}_i = \lambda_i\vec{e}_i$$

8 $\vec{\omega} \propto \vec{e}_i$

9 $$\frac{d\vec{\omega}}{dt} = 0$$

10 $\vec{\omega} = \text{const}$

Die Bewegung eines schwingenden Systems mehrerer Teilchen und die Rotation eines starren Systems sind beides periodische Bewegungen. Die Bewegungsgleichungen führen jeweils auf Eigenwertprobleme, die wiederum auf besondere Bewegungsmuster führen.

❶ Im Fall der Schwingung beginnen wir mit der auf Seite 143 abgeleiteten Bewegungsgleichung für ein System von Teilchen, die durch lineare Kräfte miteinander verbunden sind. Hier ist K die Kraftmatrix, M die Massenmatrix und $\vec{u}$ der Vektor der Verschiebungen der Teilchen von ihren Gleichgewichtspositionen.

❷ Dieses System führt mit dem Ansatz

$$\vec{u}(t) = \vec{E} \cos(\omega t + \phi)$$

auf das angegebene Eigenwertproblem. Hier sind $\vec{E}_i$ die Eigenvektoren und ω_i^2 die Eigenwerte.

❸❹ Schwingt nun das System in einer dieser Eigenschwingungen, so vereinfacht sich die Bewegungsgleichung.

❺ Eine Eigenschwingung eines schwingenden Systems ist ein Bewegungsmuster, bei dem sich alle Teile des Systems sinusförmig mit derselben Frequenz und mit einer festen Phasenbeziehung bewegen.

❻ Im Fall der Rotation starten wir mit der auf Seite 61 abgeleiteten Bewegungsgleichung für einen freien starren Körper. Hier ist Θ der Trägheitstensor und $\vec{\omega}$ der Vektor der Winkelgeschwindigkeit.

❼❽❾ Falls der Winkelgeschwindigkeitsvektor ein Eigenvektor des Trägheitstensors ist, wird die Bewegungsgleichung trivial, weil das Vektorprodukt von gleichen Vektoren verschwindet.

❿ Wir sprechen von einer Hauptachsenrotation.

Beispiel:

Als Beispiel für eine Schwingung mit mehreren Freiheitsgraden betrachten wir wieder das System von drei reibungslos auf einer Schiene gleitenden identischen Massen m, die mit zwei Federn mit der Federkonstante k verbunden sind. Diesmal ist jedoch keine Masse fixiert. Die Newton-Gleichungen liefern für die Verschiebungen u_i jeweils:

$$m\ddot{u}_1 = k(u_2 - u_1)$$
$$m\ddot{u}_2 = k(u_1 - u_2) + k(u_3 - u_2)$$
$$m\ddot{u}_3 = k(u_2 - u_3)$$

Damit ergeben sich folgende Matrizen, Eigenwerte und Eigenvektoren:

$$M = \begin{pmatrix} m & 0 & 0 \\ 0 & m & 0 \\ 0 & 0 & m \end{pmatrix}, \quad K = \begin{pmatrix} k & -k & 0 \\ -k & 2k & -k \\ 0 & -k & k \end{pmatrix}, \quad M^{-1}K = \frac{k}{m}\begin{pmatrix} 1 & -1 & 0 \\ -1 & 2 & -1 \\ 0 & -1 & 1 \end{pmatrix}$$

$$\omega_1^2 = 0, \qquad \omega_2^2 = \frac{k}{m}, \qquad \omega_3^2 = 3\frac{k}{m}$$

$$\vec{E}_1 = \begin{pmatrix} 1 \\ 1 \\ 1 \end{pmatrix}, \qquad \vec{E}_2 = \begin{pmatrix} -1 \\ 0 \\ 1 \end{pmatrix}, \qquad \vec{E}_3 = \begin{pmatrix} 1 \\ -2 \\ 1 \end{pmatrix}$$

Die erste Eigenschwingung ist im eigentlichen Sinn keine Schwingung; hier bewegen sich alle Wagen mit derselben Geschwindigkeit. Bei der zweiten Eigenschwingung ruht der mittlere Wagen, und die beiden äußeren schwingen symmetrisch. Bei der dritten Eigenschwingung schwingen die äußeren Massen synchron, und die mittlere Masse entgegengesetzt mit der doppelten Amplitude.

Kapitel 7
Gravitation

Gravitationsfeld versus Gravitationspotenzial

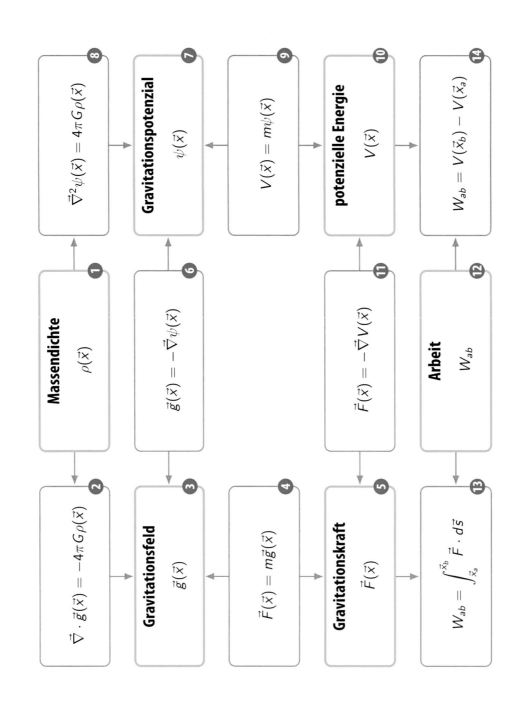

Auf dieser Seite behandeln wir die Zusammenhänge zwischen einer Massenverteilung und des durch sie erzeugten Gravitationsfelds.

1 Eine Massenverteilung ist durch ihre Massendichte als Funktion des Orts $\rho(\vec{x})$ gegeben.

2 3 Diese Massenverteilung erzeugt ein Gravitationsfeld $\vec{g}(\vec{x})$. Die Divergenz $\vec{\nabla}\cdot$ des Gravitationsfelds ist proportional zur Massendichte. Die Proportionalitätskonstante ist die Gravitationskonstante G.

4 5 In diesem Gravitationsfeld wirkt auf ein Teilchen mit der Masse m eine Gravitationskraft $\vec{F}(\vec{x})$.

6 7 Das Gravitationsfeld ist der negative Gradient $\vec{\nabla}$ des Gravitationspotenzials $\psi(\vec{x})$.

8 Das Gravitationspotenzial kann auch direkt durch Lösung der Poisson-Gleichung aus der Massendichte $\rho(\vec{x})$ bestimmt werden. Hier ist $\vec{\nabla}^2$ der Laplace-Operator.

9 10 Aus dem Gravitationspotenzial berechnet sich die potenzielle Energie $V(\vec{x})$ eines Teilchens der Masse m.

11 Die Gravitationskraft entspricht dem negativen Gradienten der potenziellen Energie.

12 13 Die Arbeit W_{ab}, die zur Verschiebung des Teilchens zwischen den Positionen $\vec{x}_a$ und $\vec{x}_b$ nötig ist, entspricht dem Integral über die Kraft entlang des Wegs (Seite 13).

14 Wir können die Arbeit W_{ab} auch als die Differenz der potentiellen Energie des Teilchens beim Anfangs- bzw. Endpunkt der Verschiebung ausdrücken.

Gravitationsfeld versus Gravitationspotenzial – Beispiel

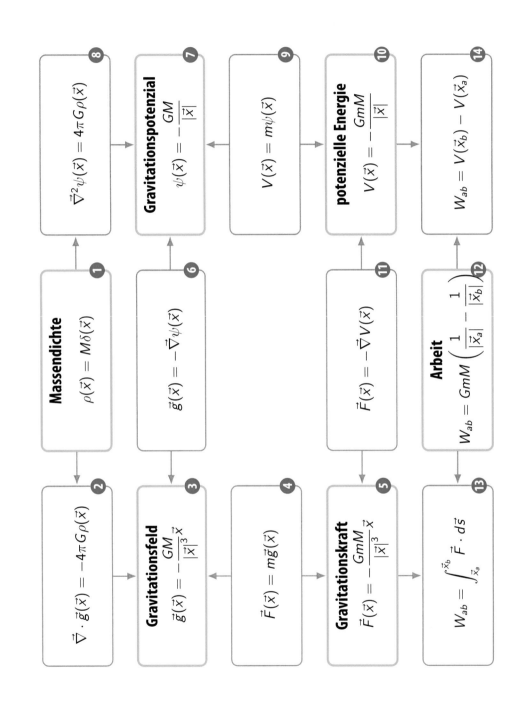

Massendichte
$$\rho(\vec{x}) = M\delta(\vec{x})$$ ❶

$$\vec{\nabla}^2\psi(\vec{x}) = 4\pi G\rho(\vec{x})$$ ❽

Gravitationspotenzial
$$\psi(\vec{x}) = -\frac{GM}{|\vec{x}|}$$ ❼

$$\vec{g}(\vec{x}) = -\vec{\nabla}\psi(\vec{x})$$ ❻

$$V(\vec{x}) = m\psi(\vec{x})$$ ❾

potenzielle Energie
$$V(\vec{x}) = -\frac{GmM}{|\vec{x}|}$$ ❿

$$\vec{F}(\vec{x}) = -\vec{\nabla}V(\vec{x})$$ ⓫

$$W_{ab} = V(\vec{x}_b) - V(\vec{x}_a)$$ ⓮

Arbeit
$$W_{ab} = GmM\left(\frac{1}{|\vec{x}_a|} - \frac{1}{|\vec{x}_b|}\right)$$ ⓬

$$\vec{\nabla}\cdot\vec{g}(\vec{x}) = -4\pi G\rho(\vec{x})$$ ❷

Gravitationsfeld
$$\vec{g}(\vec{x}) = -\frac{GM}{|\vec{x}|^3}\vec{x}$$ ❸

$$\vec{F}(\vec{x}) = m\vec{g}(\vec{x})$$ ❹

Gravitationskraft
$$\vec{F}(\vec{x}) = -\frac{GmM}{|\vec{x}|^3}\vec{x}$$ ❺

$$W_{ab} = \int_{\vec{x}_a}^{\vec{x}_b}\vec{F}\cdot d\vec{s}$$ ⓭

Auf der vorherigen Seite haben wie die allgemeinen Zusammenhänge von Massendichte, Gravitationspotenzial und Gravitationsfeld betrachtet. Hier wenden wir den Formalismus auf die einfachste mögliche Massenverteilung, die eines Teilchens, an.

❶ Die Massenverteilung eines Teilchens ist per Definition auf einen Punkt im Raum beschränkt. Dies wird mathematisch durch die Dirac-Funktion beschrieben. Wie nehmen an, dass das Teilchen am Punkt $\vec{x} = 0$ ruht und eine Masse M hat.

❷❸ Diese Massenverteilung erzeugt das angegebene Gravitationsfeld $\vec{g}(\vec{x})$. Dieser Zusammenhang lässt sich auf die folgende Identität aus der Vektoranalysis zurückführen:

$$\vec{\nabla} \cdot \frac{\vec{x}}{|\vec{x}|^3} = 4\pi\delta(\vec{x})$$

❹❺ In diesem Gravitationsfeld wirkt auf ein Teilchen mit der Masse m eine Gravitationskraft $\vec{F}(\vec{x})$. Dieser Zusammenhang wird als Newtonsches Gravitationsgesetz bezeichnet.

❻❼ Das Gravitationsfeld ist der negative Gradient $\vec{\nabla}$ des Gravitationspotenzials $\psi(\vec{x})$. Dass das angegebene Gravitationspotenzial auf das gegebene Gravitationsfeld führt, lässt sich wieder aus einer Identität aus der Vektoranalysis ableiten:

$$\vec{\nabla} \frac{1}{|\vec{x}|} = -\frac{\vec{x}}{|\vec{x}|^3}$$

❽ Das Gravitationspotenzial kann auch direkt durch Lösung der Poisson-Gleichung aus der Massendichte $\rho(\vec{x})$ bestimmt werden. Hier nutzen wir eine Kombination der vorherigen Identitäten:

$$\vec{\nabla}^2 \frac{1}{|\vec{x}|} = \vec{\nabla} \cdot \left(\vec{\nabla} \frac{1}{|\vec{x}|}\right) = \vec{\nabla} \cdot \frac{\vec{x}}{|\vec{x}|^3} = -4\pi\delta(\vec{x})$$

❾❿ Aus dem Gravitationspotenzial berechnet sich die potenzielle Energie $V(\vec{x})$ eines Teilchens der Masse m.

⓫ Die Gravitationskraft entspricht dem negativen Gradienten der potenziellen Energie.

⓬⓭ Die Arbeit W_{ab}, die zur Verschiebung des Teilchens zwischen den Positionen $\vec{x}_a$ und $\vec{x}_b$ nötig ist, entspricht dem Integral über die Kraft entlang des Wegs (Seite 13).

⓮ Wir können die Arbeit W_{ab} auch als die Differenz der potentiellen Energie des Teilchens beim Anfangs- bzw. Endpunkt der Verschiebung ausdrücken.

Kepler-Problem

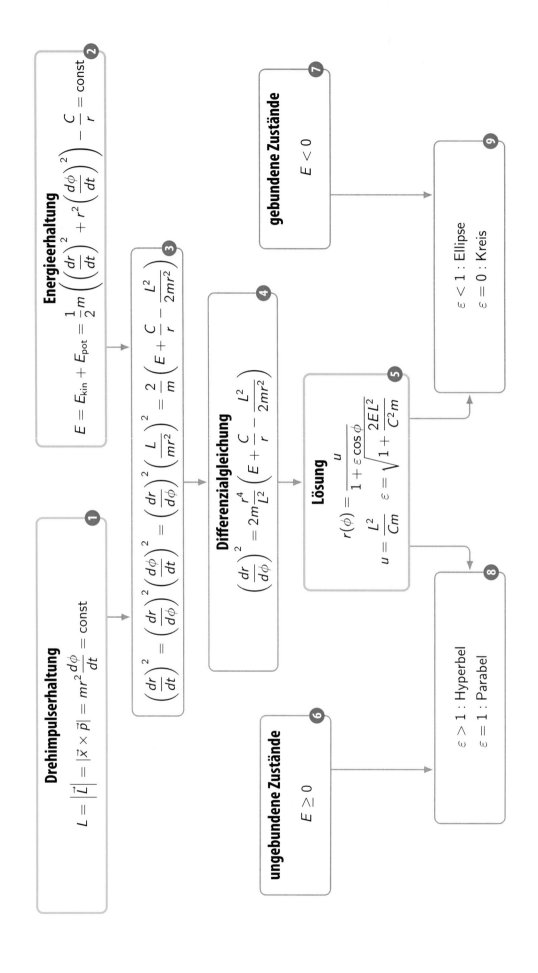

Drehimpulserhaltung

$$L = |\vec{L}| = |\vec{x} \times \vec{p}| = mr^2 \frac{d\phi}{dt} = \text{const}$$

1

$$\left(\frac{dr}{dt}\right)^2 = \left(\frac{dr}{d\phi}\right)^2 \left(\frac{d\phi}{dt}\right)^2 = \left(\frac{dr}{d\phi}\right)^2 \left(\frac{L}{mr^2}\right)^2 = \frac{2}{m}\left(E + \frac{C}{r} - \frac{L^2}{2mr^2}\right)$$

3

Energieerhaltung

$$E = E_{\text{kin}} + E_{\text{pot}} = \frac{1}{2}m\left(\left(\frac{dr}{dt}\right)^2 + r^2\left(\frac{d\phi}{dt}\right)^2\right) - \frac{C}{r} = \text{const}$$

2

Differenzialgleichung

$$\left(\frac{dr}{d\phi}\right)^2 = 2m\frac{r^4}{L^2}\left(E + \frac{C}{r} - \frac{L^2}{2mr^2}\right)$$

4

Lösung

$$r(\phi) = \frac{u}{1 + \varepsilon \cos\phi} \quad \varepsilon = \sqrt{1 + \frac{2EL^2}{C^2 m}}$$

$$u = \frac{L^2}{Cm}$$

5

gebundene Zustände

$$E < 0$$

7

$$\varepsilon < 1 : \text{Ellipse}$$
$$\varepsilon = 0 : \text{Kreis}$$

9

ungebundene Zustände

$$E \geq 0$$

6

$$\varepsilon > 1 : \text{Hyperbel}$$
$$\varepsilon = 1 : \text{Parabel}$$

8

Auf dieser Seite leiten wir ausgehend von der Drehimpulserhaltung und der Energieerhaltung die möglichen Bahnen eines Teilchens im Gravitationspotenzial eines zweiten ruhenden Teilchens her. Diese physikalische Situation entspricht näherungsweise der Bewegung eines Planeten um die viel schwerere Sonne und wird deshalb auch als Kepler-Problem bezeichnet.

1 Die Drehimpulserhaltung besagt, dass sich der Vektor des Gesamtdrehimpulses $\vec{L}$ des Systems zeitlich nicht ändert. Wenn wir das Bezugszentrum an den Ort des ruhenden Teilchens legen, trägt zum Drehimpuls nur das leichte Teilchen bei, und weil die Richtung des Drehimpulses konstant bleibt, findet die Bewegung des leichten Teilchens in einer Ebene statt. Wir drücken den Drehimpuls in Polarkoordinaten $r = |\vec{x}|$ und ϕ aus (Seite 163).

2 Die Energieerhaltung besagt, dass sich die Gesamtenergie – also die Summe aus potenzieller und kinetischer Energie aller Teilchen – zeitlich nicht ändert. Hier ist C das Produkt aus den beiden Massen m bzw. M und der Gravitationskonstante G.

3 Nun lösen wir die Energieerhaltung auf den Term $(dr/dt)^2$ auf und ersetzen $d\phi/dt$ durch L/mr^2. Dann wenden wir die Kettenregel der Ableitung an, um die zeitliche Ableitung von r durch die Ableitung nach dem Winkel auszudrücken.

4 So erhalten wir die angegebene Differenzialgleichung, die durch die Anwendung der Erhaltungssätze keine Zeitabhängigkeit mehr enthält.

5 Die direkte Lösung dieser nichtlinearen Differenzialgleichung ist nicht offensichtlich, es lässt sich aber durch eine relativ einfache (aber auch längliche) Rechnung nachrechnen, dass der hier angegebene Ausdruck eine Lösung ist ✏. Hier sind u und ε Konstanten, die sich aus den physikalischen Konstanten des Systems ergeben.

6 7 Eine wichtige Klassifizierung der Lösungen ist die Unterscheidung in gebundene Zustände mit geschlossenen Bahnen und negativer Energie sowie Streuzustände mit offenen Bahnen und positiver Energie. Da alle anderen Konstanten positiv sind, entscheidet das Vorzeichen der Energie, ob ε größer oder kleiner als 1 ist.

8 Für positive Energien ergeben sich offene Bahnen, da an den Nullstellen des Kosinus der Nenner den Wert null annimmt und somit der Radius unendlich wird. Im Allgemeinen sind das die Hyperbeln, und im Spezialfall $E = 0$ bzw. $\varepsilon = 1$ ergibt sich eine Parabel.

9 Für negative Energien ergeben sich Ellipsen mit einem Brennpunkt im Koordinatenursprung, also geschlossene Bahnen. Im Spezialfall $\varepsilon = 0$ ergibt sich ein Kreis.

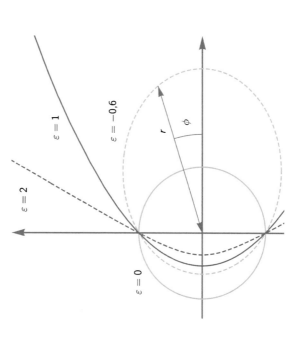

Laplace-Runge-Lenz-Vektor

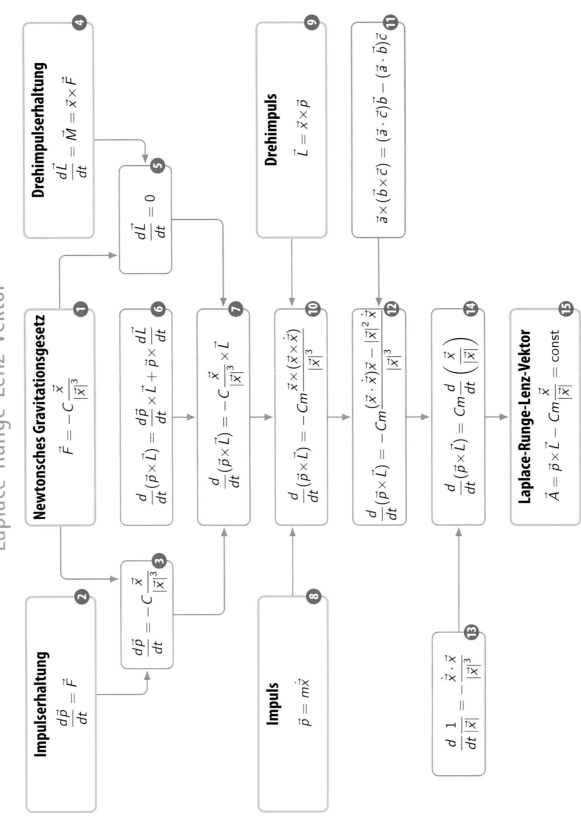

Bei der Bewegung eines Teilchens in einem $1/|\vec{x}|$-Potenzial gibt es neben dem Drehimpulsvektor einen zweiten erhaltenen Vektor, den sogenannten Laplace-Runge-Lenz-Vektor.

① Wir betrachten die Bewegung eines Teilchens mit der Masse m in einem zentralen Gravitationsfeld einer zweiten, ruhenden Masse M. Der Betrag der Kraft $\vec{F}$ ist proportional zu einer Konstante $C = mMG$ und zum inversen quadratischen Abstand $|\vec{x}|$ der beiden Teilchen. Da C positiv ist, zeigt die Kraft immer von der Masse m zur Masse M.

② ③ Setzen wir diese Kraft in die Impulserhaltung ein, so ergibt sich der angegebene Ausdruck für die zeitliche Ableitung des Impulses $\vec{p}$.

④ ⑤ Setzen wir diese Kraft in die Drehimpulserhaltung ein und berücksichtigen, dass das Drehmoment $\vec{M}$ gleich dem Vektorprodukt aus Positionsvektor $\vec{x}$ und Kraft $\vec{F}$ ist, so ergibt sich, dass der Drehimpuls $\vec{L}$ konstant bleibt ($\vec{x} \times \vec{x} = 0$). ✎

⑥ Nun betrachten wir die zeitliche Ableitung des Vektorprodukts aus Impuls und Drehimpuls. Hier haben wir die Produktregel der Ableitung angewendet.

⑦ Im nächsten Schritt setzen wir die Ausdrücke für die zeitliche Änderung des Drehimpulses und des Impulses ein.

⑧ Der Impuls kann als Produkt der Masse m des Teilchens und der Geschwindigkeit $\dot{\vec{x}}$ ausgedrückt werden.

⑨⑩ Ebenso kann der Drehimpuls als Vektorprodukt von Position und Impuls ausgedrückt werden.

⑪⑫ Nun wenden wir die Grassmann-Identität an.

⑬⑭ Im nächsten Schritt erkennen wir, dass die rechte Seite der Gleichung der Zeitableitung des radialen Einheitsvektors $\vec{x}/|\vec{x}|$ entspricht. ✎

⑮ Wir bringen die beiden Terme auf eine Seite und stellen fest, dass die Zeitableitung des Vektors $\vec{A}$ verschwindet und er somit zeitlich konstant ist.

Kapitel 8
Mathematische Grundlagen

Skalarprodukt versus Vektorprodukt

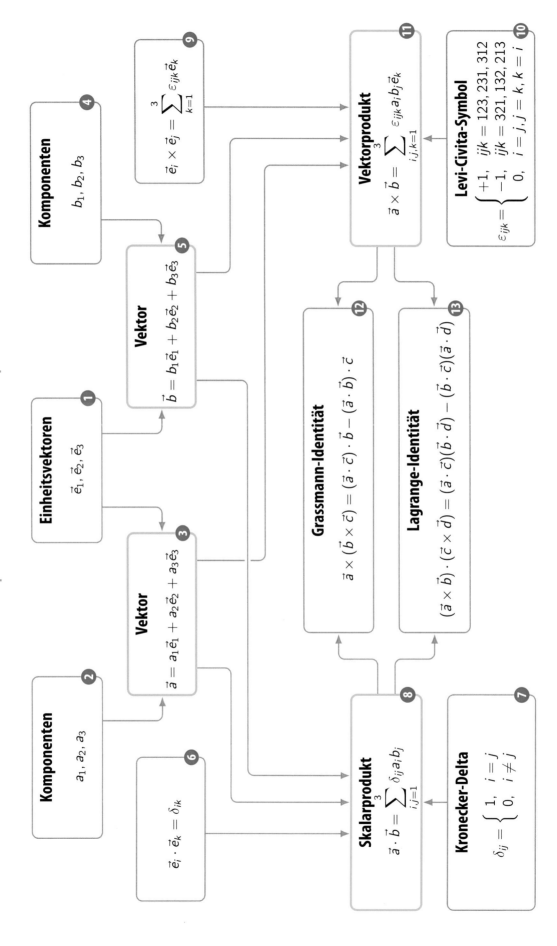

Auf dieser Seite diskutieren wir das Skalarprodukt und das Vektorprodukt sowie deren Zusammenhänge.

1 Wir definieren im dreidimensionalen euklidischen Raum die Basisvektoren $\vec{e}_1$, $\vec{e}_2$ und $\vec{e}_3$. Je nach Zusammenhang nutzen wir in diesem Buch auch die Notation $\vec{e}_x$, $\vec{e}_y$ und $\vec{e}_z$.

2 3 Ein beliebiger Vektor $\vec{a}$ ist nun durch die Angabe dreier reeller Zahlen, a_1, a_2 und a_3, eindeutig bestimmt.

4 5 Im Folgenden soll $\vec{b}$ ein weiterer Vektor mit den Komponenten b_1, b_2 und b_3 sein.

6 7 Die Basisvektoren sind orthonormiert, d.h., ihr Betrag ist 1, und das Skalarprodukt zweier unterschiedlicher Basisvektoren verschwindet. Diese beiden Eigenschaften fasst man mathematisch elegant mithilfe des Kronecker-Deltas zusammen. Das Kronecker-Delta δ_{ij} ist eine Funktion zweier Variablen, i und j.

8 Damit lässt sich das Skalarprodukt zweier Vektoren als Summe über deren Komponenten ausdrücken.

9 10 Das Vektorprodukt zweier unterschiedlicher Basisvektoren ergibt den dritten Basisvektor, je nach Reihenfolge mit positivem oder negativem Vorzeichen. Das Vektorprodukt zweier gleicher Basisvektoren verschwindet dagegen. Diese beiden Eigenschaften fasst man mithilfe des Levi-Civita-Symbols zusammen. Das Levi-Civita-Symbol ε_{ijk} ist eine Funktion dreier Variablen, i, j und k.

11 Mit dieser Eigenschaft können wir das Vektorprodukt zweier Vektoren als Summe über deren Komponenten ausdrücken.

12 Das Vektorprodukt und das Skalarprodukt hängen über zwei wichtige Identitäten zusammen. Die Grassmann-Identität erlaubt die Vereinfachung eines doppelten Vektorprodukts. Sie lässt sich auf einen Zusammenhang zwischen dem Kronecker-Delta und dem Levi-Civita-Symbol zurückführen, den wir hier ohne Beweis angeben:

$$\sum_{i=1}^{3} \varepsilon_{hli}\varepsilon_{ijk} = \delta_{hj}\delta_{lk} - \delta_{hk}\delta_{lj}$$

13 Die Lagrange-Identität überführt das Skalarprodukt zweier Vektorprodukte in die Differenz zweier Produkte von Skalarprodukten. Hier sind $\vec{a}$, $\vec{b}$, $\vec{c}$ und $\vec{d}$ allgemeine Vektoren im dreidimensionalen Raum. Diese Identität folgt ebenfalls aus obiger Gleichung.

Hinweis:

Aus dem Skalarprodukt zweier gleicher Vektoren leiten wir für die Norm eines Vektors ab:

$$|\vec{a}| = \sqrt{\vec{a}\cdot\vec{a}} = \sqrt{a_1^2 + a_2^2 + a_3^2}$$

Wie wir uns mit dem Satz des Pythagoras leicht veranschaulichen, entspricht die Norm der geometrischen Länge des Vektors. Das Vektorprodukt zweier gleicher Vektoren verschwindet dagegen aufgrund der Asymmetrie des Levi-Civita-Symbols unter Vertauschen zweier Indizes, $\varepsilon_{ijk} = -\varepsilon_{jik}$:

$$\vec{a}\times\vec{a} = \sum_{i,j,k=1}^{3}\varepsilon_{ijk}a_i a_j \vec{e}_k = 0$$

Skalarprodukt, Vektorprodukt, Tensorprodukt

Skalarprodukt

$$\vec{a} \cdot \vec{b} = a_1 b_1 + a_2 b_2 + a_3 b_3$$

1

Ergebnis: Skalar

$$\vec{a} \cdot \vec{b} = \vec{b} \cdot \vec{a}$$
$$\vec{e}_i \cdot \vec{e}_j = \delta_{ij}$$

2

Vektorprodukt

$$\vec{a} \times \vec{b} = \begin{pmatrix} a_2 b_3 - a_3 b_2 \\ a_3 b_1 - a_1 b_3 \\ a_1 b_2 - a_2 b_1 \end{pmatrix}$$

3

Ergebnis: Vektor

$$\vec{a} \times \vec{b} = -\vec{b} \times \vec{a}$$
$$(\vec{e}_j \times \vec{e}_k)_i = \varepsilon_{ijk}$$

4

Tensorprodukt

$$\vec{a} \otimes \vec{b} = \begin{pmatrix} a_1 b_1 & a_1 b_2 & a_1 b_3 \\ a_2 b_1 & a_2 b_2 & a_2 b_3 \\ a_3 b_1 & a_3 b_2 & a_3 b_3 \end{pmatrix}$$

5

Ergebnis: Tensor

$$\vec{a} \otimes \vec{b} = (\vec{b} \otimes \vec{a})^T$$
$$(\vec{e}_i \otimes \vec{e}_j)_{kl} = \delta_{ki} \delta_{jl}$$

6

$$\vec{c} \cdot (\vec{a} \otimes \vec{b}) = (\vec{c} \cdot \vec{a}) \vec{b}$$
$$(\vec{a} \otimes \vec{b}) \cdot \vec{c} = \vec{a} (\vec{b} \cdot \vec{c})$$

7

$$\vec{c} \times (\vec{a} \otimes \vec{b}) = (\vec{c} \times \vec{a}) \otimes \vec{b}$$
$$(\vec{a} \otimes \vec{b}) \times \vec{c} = \vec{a} \otimes (\vec{b} \times \vec{c})$$

8

Wir betrachten drei wichtige Produkte zweier Vektoren in kartesischen Koordinaten. Die Benennung der Produkte folgt jeweils dem Verhalten der Ergebnisse unter einer Drehung der beiden Vektoren. Dieses Drehungsverhalten diskutieren wir auf der nächsten Seite.

① ② Das Ergebnis des Skalarprodukts zweier Vektoren, $\vec{a}$ und $\vec{b}$, ist wie angegeben definiert; das Ergebnis ist ein Skalar. Offensichtlich ändert die Reihenfolge der Vektoren nichts am Ergebnis. Das Skalarprodukt zweier Einheitsvektoren, $\vec{e}_i$ und $\vec{e}_j$, führt auf das Kronecker-Delta δ_{ij}.

③ ④ Das Vektorprodukt zweier Vektoren ergibt wieder einen Vektor. Aus der Definition folgt, dass das Vertauschen der Reihenfolge das Vorzeichen des Ergebnisses ändert und dass das Vektorprodukt eines Vektors mit sich selbst null ist. Das Vektorprodukt zweier Einheitsvektoren ergibt in der Indexdarstellung das Levi-Civita-Symbol ε_{ijk}.

⑤ ⑥ Das Ergebnis des Tensorprodukts zweier Vektoren ist wie angegeben definiert. Aus der Definition schließen wir, dass das Vertauschen der Reihenfolge zu einem transponierten Ergebnis führt, d.h., die Spalten und Zeilen werden vertauscht. Das Vektorprodukt zweier Einheitsvektoren resultiert in der Indexdarstellung in dem Produkt zweier Kronecker-Deltas.

⑦ ⑧ Das Ergebnis des Hintereinanderausführens von Tensorprodukt und Skalar- bzw. Vektorprodukt liefert, wie sich mit den Definitionen direkt nachprüfen lässt, die angegebenen Ergebnisse. ✎

Komponentendarstellung und Koordinatendarstellung:

Bei festgelegtem Koordinatensystem ist ein Vektor durch Angabe der drei Komponenten festgelegt; damit kann beim Aufschreiben eines Vektors auf die Angabe der Einheitsvektoren verzichtet werden:

$$\vec{a} = \sum_{i=1}^{3} a_i \vec{e}_i = \begin{pmatrix} a_1 \\ a_2 \\ a_3 \end{pmatrix}$$

Die i-te Komponente des Vektors ergibt sich durch das Skalarprodukt mit dem i-ten Einheitsvektor:

$$(\vec{a})_i = \vec{a} \cdot \vec{e}_i = a_i$$

Ähnlich verfährt man bei Tensoren. Sie können ebenfalls als Summe von Komponenten und elementaren Tensoren $\vec{e}_i \otimes \vec{e}_j$ dargestellt werden:

$$K = \sum_{i,j=1}^{3} K_{ij} \vec{e}_i \otimes \vec{e}_j = \begin{pmatrix} K_{11} & K_{12} & K_{13} \\ K_{21} & K_{22} & K_{23} \\ K_{31} & K_{32} & K_{33} \end{pmatrix}$$

Hier erhalten wir Komponenten des Tensor durch die Multiplikation mit zwei Einheitsvektoren:

$$(K)_{ij} = \vec{e}_i \cdot (K\vec{e}_j) = K_{ij}$$

Kartesische Koordinaten versus Polarkoordinaten

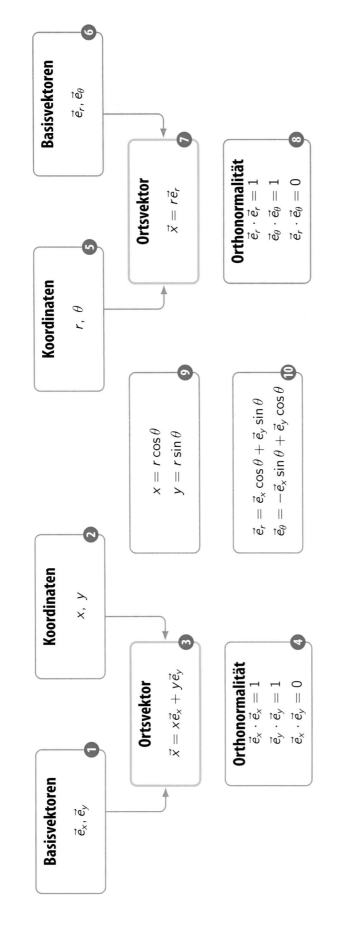

Basisvektoren ❻
$\vec{e}_r, \vec{e}_\theta$

Koordinaten ❺
r, θ

Ortsvektor ❼
$\vec{x} = r\vec{e}_r$

Orthonormalität ❽
$\vec{e}_r \cdot \vec{e}_r = 1$
$\vec{e}_\theta \cdot \vec{e}_\theta = 1$
$\vec{e}_r \cdot \vec{e}_\theta = 0$

❾
$x = r\cos\theta$
$y = r\sin\theta$

❿
$\vec{e}_r = \vec{e}_x \cos\theta + \vec{e}_y \sin\theta$
$\vec{e}_\theta = -\vec{e}_x \sin\theta + \vec{e}_y \cos\theta$

Koordinaten ❷
x, y

Ortsvektor ❸
$\vec{x} = x\vec{e}_x + y\vec{e}_y$

Orthonormalität ❹
$\vec{e}_x \cdot \vec{e}_x = 1$
$\vec{e}_y \cdot \vec{e}_y = 1$
$\vec{e}_x \cdot \vec{e}_y = 0$

Basisvektoren ❶
$\vec{e}_x, \vec{e}_y$

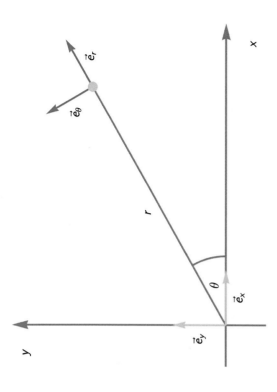

Als Beispiel für den Zusammenhang zweier Koordinatensysteme, die denselben Raum beschreiben, betrachten wir hier Polarkoordinaten und kartesische Koordinaten für eine Ebene.

①②③ Der Ortsvektor $\vec{x}$ in einem zweidimensionalen kartesischen Koordinatensystem wird als Summe der mit den Koordinaten x und y gewichteten Einheitsvektoren $\vec{e}_x$ und $\vec{e}_y$ dargestellt.

④ Die Einheitsvektoren $\vec{e}_x$ und $\vec{e}_y$ sind orthogonal, d.h., sie stehen senkrecht aufeinander und sind normiert, sie haben also den Betrag 1.

⑤⑥⑦ In Polarkoordinaten wird der Ortsvektor ebenfalls durch zwei Koordinaten festgelegt: durch den Winkel θ gegen die Horizontale und den Abstand zum Ursprung r. Der Ortsvektor ist in diesem Fall nur das Produkt eines Einheitsvektors und der dazugehörigen Koordinate, jedoch hängt die Richtung des radialen Einheitsvektors $\vec{e}_r$ vom Winkel θ ab.

⑧ Die Einheitsvektoren $\vec{e}_r$ und $\vec{e}_\theta$ sind ebenfalls orthogonal und normiert, kurz orthonormal.

⑨⑩ Die beiden Koordinatensysteme beschreiben dieselbe Ebene, deshalb müssen die Koordinaten und die Einheitsvektoren ineinander umrechenbar sein. Die Zusammenhänge sind durch die bekannten trigonometrischen Beziehungen gegeben.

163

Komplexe Zahlen – Kartesische Darstellung versus Polardarstellung

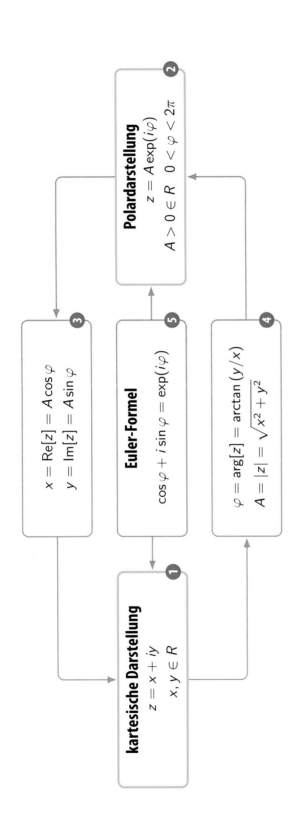

Polardarstellung ②
$$z = A\exp(i\varphi)$$
$$A > 0 \in R \quad 0 < \varphi < 2\pi$$

kartesische Darstellung ①
$$z = x + iy$$
$$x, y \in R$$

③
$$x = \mathrm{Re}[z] = A\cos\varphi$$
$$y = \mathrm{Im}[z] = A\sin\varphi$$

Euler-Formel ⑤
$$\cos\varphi + i\sin\varphi = \exp(i\varphi)$$

④
$$\varphi = \arg[z] = \arctan(y/x)$$
$$A = |z| = \sqrt{x^2 + y^2}$$

Multiplikation und Division ⑦
$$z_1 z_2 = A_1 A_2 \exp(i(\varphi_1 + \varphi_2))$$
$$\frac{z_1}{z_2} = \frac{A_1}{A_2} \exp(i(\varphi_1 - \varphi_2))$$

komplexe Konjugation ⑨
$$z^* = A\exp(-i\varphi)$$

Addition und Subtraktion ⑥
$$z_1 + z_2 = (x_1 + x_2) + i(y_1 + y_2)$$
$$z_1 - z_2 = (x_1 - x_2) + i(y_1 - y_2)$$

komplexe Konjugation ⑧
$$z^* = x - iy$$

Genauso wie eine Ebene durch kartesische und polare Koordinaten beschrieben werden kann, gibt es auch für komplexe Zahlen beide Darstellungen.

1 In der kartesischen Darstellung wird eine komplexe Zahl z durch zwei reelle Zahlen, x und y, ausgedrückt. Wir bezeichnen x als Realteil, y als Imaginärteil und i als imaginäre Einheit. Das Quadrat der imaginären Einheit i^2 ergibt -1.

2 In der Polardarstellung wird die komplexe Zahl z durch zwei reelle Zahlen, A und φ, ausgedrückt. Die Amplitude A und die Phase φ (auch Argument genannt) haben den angegebenen Wertebereich.

3 4 5 Beide Darstellungen sind durch die Euler-Formel verknüpft.

6 Die Addition und die Subtraktion zweier komplexer Zahlen, z_1 und z_2, ist besonders einfach in der kartesischen Darstellung.

7 Die Multiplikation und die Division sind hingegen einfacher in der Polardarstellung.

8 9 Bei der komplexen Konjugation ändert sich in der kartesischen Darstellung das Vorzeichen des Imaginärteils. Dies entspricht in der Polardarstellung einem Vorzeichenwechsel der Phase.

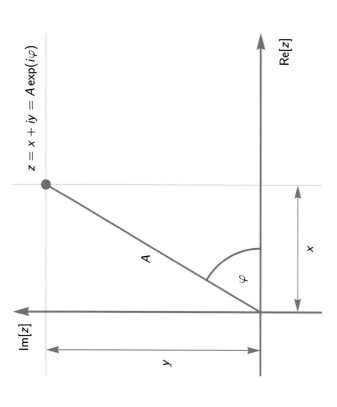

$$z = x + iy = A\exp(i\varphi)$$

Matrixform der Rotation

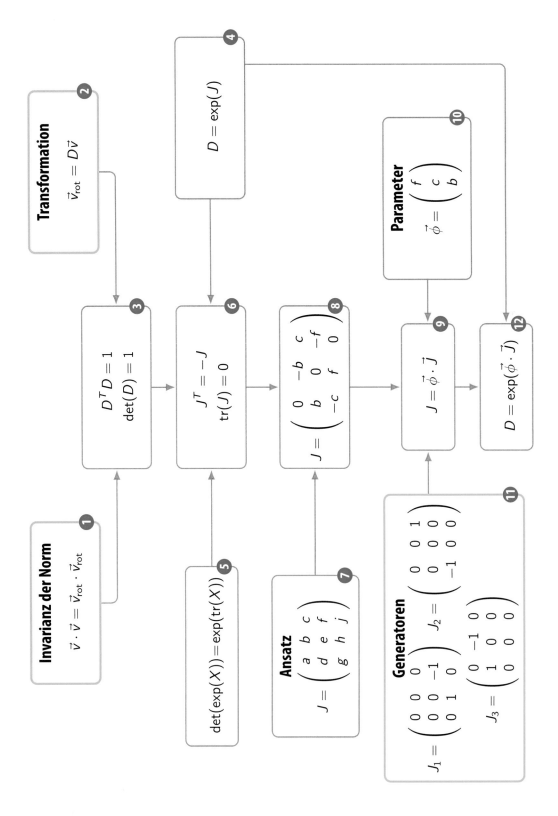

Invarianz der Norm ①
$$\vec{v} \cdot \vec{v} = \vec{v}_{\text{rot}} \cdot \vec{v}_{\text{rot}}$$

Transformation ②
$$\vec{v}_{\text{rot}} = D\vec{v}$$

③
$$D^T D = 1$$
$$\det(D) = 1$$

④
$$D = \exp(J)$$

⑤
$$\det(\exp(X)) = \exp(\operatorname{tr}(X))$$

⑥
$$J^T = -J$$
$$\operatorname{tr}(J) = 0$$

Ansatz ⑦
$$J = \begin{pmatrix} a & b & c \\ d & e & f \\ g & h & j \end{pmatrix}$$

⑧
$$J = \begin{pmatrix} 0 & -b & c \\ b & 0 & -f \\ -c & f & 0 \end{pmatrix}$$

Parameter ⑩
$$\vec{\phi} = \begin{pmatrix} f \\ c \\ b \end{pmatrix}$$

⑨
$$J = \vec{\phi} \cdot \vec{J}$$

Generatoren ⑪
$$J_1 = \begin{pmatrix} 0 & 0 & 0 \\ 0 & 0 & -1 \\ 0 & 1 & 0 \end{pmatrix} \quad J_2 = \begin{pmatrix} 0 & 0 & 1 \\ 0 & 0 & 0 \\ -1 & 0 & 0 \end{pmatrix}$$
$$J_3 = \begin{pmatrix} 0 & -1 & 0 \\ 1 & 0 & 0 \\ 0 & 0 & 0 \end{pmatrix}$$

⑫
$$D = \exp(\vec{\phi} \cdot \vec{J})$$

Rotationen in drei Raumdimensionen lassen sich in die Form eines durch drei Parameter bestimmten Matrixexponentials bringen. Das führt uns auf eine Gruppe von speziellen Matrizen – den sogenannten Generatoren.

1 Wir beginnen mit der grundlegenden Bedingung für eine Rotation. Der Abstand eines Punkts im Raum zum Rotationszentrum ändert sich durch eine Rotation nicht. Diese Bedingung ist erfüllt, wenn die Norm bzw. deren Quadrat invariant unter der Rotation ist. Der Einfachheit halber setzen wir den Koordinatenursprung in das Rotationszentrum.

2 Die quadratische Matrix D transformiert den Ortsvektor vor der Rotation $\vec{v}$ in den Ortsvektor $\vec{v}_{\text{rot}}$ nach der Rotation.

3 Setzen wir nun die Transformation in die Bedingung ein, so erhalten wir direkt zwei Bedingungen an die Matrix D. Die erste erhält man direkt aus der Anwendung einfacher Regeln der Matrixrechnung:

$$\vec{v}_{\text{rot}} \cdot \vec{v}_{\text{rot}} = \vec{v}_{\text{rot}}^T \vec{v}_{\text{rot}} = (D\vec{v})^T D\vec{v} = \vec{v}^T D^T D\vec{v} = \vec{v}^T \vec{v}.$$

Diese erste Eigenschaft von Matrizen wird Orthogonalität genannt. Aus dem Determinantenproduktsatz folgt daraus die zweite Bedingung:

$$\det D \cdot \det D = \det D \cdot \det D^T = \det D^T = \det(DD^T) = \det 1 = 1.$$

Das heißt, die Determinante der Matrix D ist 1.

4 Nun nehmen wir an, dass sich die Matrix als Matrixexponential darstellen lässt. Hier is J eine Matrix mit denselben Dimensionen wie die Matrix D.

5 Wir verwenden noch eine weitere nützliche Eigenschaft des Matrixexponentials. Hier bezeichnet $\mathrm{tr}(J)$ die Spur der Matrix J.

6 Mithilfe der beiden letzten Ausdrücke lassen sich aus den Bedingungen an D direkt Bedingungen an J ableiten. Man beachte hier, dass $\exp(X^T) = (\exp X)^T$ gilt.

7 Wir wissen, dass die Matrix D eine reelle Matrix ist, weil die Koordinaten reell sind. Also parametrisieren wir die Matrix mit reellen neun Parametern a, b, ..., f.

8 Durch Anwendung der beiden Bedingungen bleiben drei unabhängige Parameter übrig.

9 Die so entstandene Matrix lässt sich eleganter als Produkt eines Vektors von Parametern und eines Vektors von Matrizen schreiben.

10 Der Vektor der Parameter ergibt sich aus den drei verbliebenen Parametern c, b und f.

11 Die drei Matrizen, die sogenannten Generatoren, sind jeweils orthogonal und spurlos.

12 Wir erhalten das Hauptergebnis dieser Seite, indem wir die so parametrisierte Form der Matrix J in die Exponentialform der Matrix D einsetzen.

Rodrigues-Formel

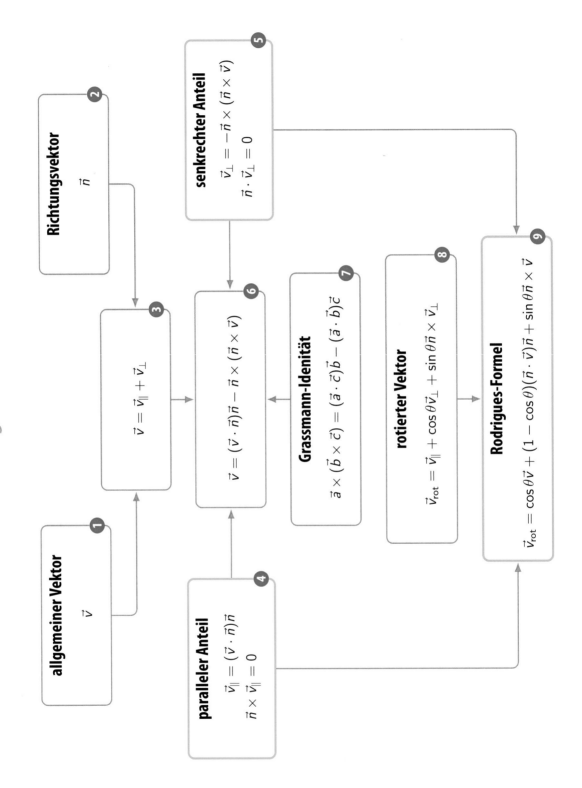

allgemeiner Vektor ①
$$\vec{v}$$

Richtungsvektor ②
$$\vec{n}$$

③
$$\vec{v} = \vec{v}_{\parallel} + \vec{v}_{\perp}$$

senkrechter Anteil ⑤
$$\vec{v}_{\perp} = -\vec{n} \times (\vec{n} \times \vec{v})$$
$$\vec{n} \cdot \vec{v}_{\perp} = 0$$

⑥
$$\vec{v} = (\vec{v} \cdot \vec{n})\vec{n} - \vec{n} \times (\vec{n} \times \vec{v})$$

Grassmann-Idenität ⑦
$$\vec{a} \times (\vec{b} \times \vec{c}) = (\vec{a} \cdot \vec{c})\vec{b} - (\vec{a} \cdot \vec{b})\vec{c}$$

paralleler Anteil ④
$$\vec{v}_{\parallel} = (\vec{v} \cdot \vec{n})\vec{n}$$
$$\vec{n} \times \vec{v}_{\parallel} = 0$$

rotierter Vektor ⑧
$$\vec{v}_{\text{rot}} = \vec{v}_{\parallel} + \cos\theta\,\vec{v}_{\perp} + \sin\theta\,\vec{n} \times \vec{v}_{\perp}$$

Rodrigues-Formel ⑨
$$\vec{v}_{\text{rot}} = \cos\theta\,\vec{v} + (1 - \cos\theta)(\vec{n} \cdot \vec{v})\vec{n} + \sin\theta\,\vec{n} \times \vec{v}$$

Die Rotation eines Vektors kann auch mithilfe der Zerlegung des Vektors in einen zur Drehachse parallelen und einen senkrechten Anteil dargestellt werden. Dies führt auf die Rodrigues-Formel.

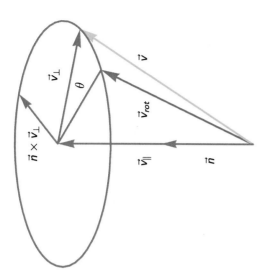

1 2 3 Ein allgemeiner Vektor $\vec{v}$ kann bezüglich einer Richtung, die durch den Einheitsvektor $\vec{n}$ beschrieben wird, in einen parallelen Anteil $\vec{v}_{\parallel}$ und einen senkrechten Anteil $\vec{v}_{\perp}$ zerlegt werden.

4 Der parallele Anteil ergibt sich aus dem Skalarprodukt von $\vec{v}$ und $\vec{n}$ multipliziert mit $\vec{n}$. Weil dieser Anteil parallel zu $\vec{n}$ ist, verschwindet das Vektorprodukt mit $\vec{n}$.

5 Der senkrechte Anteil ergibt sich durch zweimalige vektorielle Multiplikation mit dem Vektor $\vec{n}$. Weil dieser Anteil senkrecht zu $\vec{n}$ ist, verschwindet das Skalarprodukt mit $\vec{n}$.

6 7 Dass die Summe der angegebenen Ausdrücke tatsächlich den Vektor $\vec{v}$ ergibt, lässt sich mithilfe der Grassmann-Identität beweisen.

8 Bei einer Rotation des Vektors $\vec{v}$ um eine Achse, die durch den Aufpunkt des Vektors $\vec{v}$ geht und deren Richtung durch $\vec{n}$ festgelegt ist, bleibt der parallele Anteil $\vec{v}_{\parallel}$ unverändert. Der senkrechte Anteil rotiert wie ein zweidimensionaler Vektor in einer Ebene, die senkrecht zu $\vec{n}$ steht.

9 Die Rodrigues-Formel ergibt sich durch die Ersetzungen $\vec{v}_{\perp} = \vec{v} - \vec{v}_{\parallel}$ und $\vec{v}_{\parallel} = (\vec{v} \cdot \vec{n})\vec{n}$. Sie beschreibt, wie sich ein Vektor $\vec{v}$ durch eine Rotation um eine Achse um den Winkel θ verändert.

Rodrigues-Formel versus Matrixform der Rotation

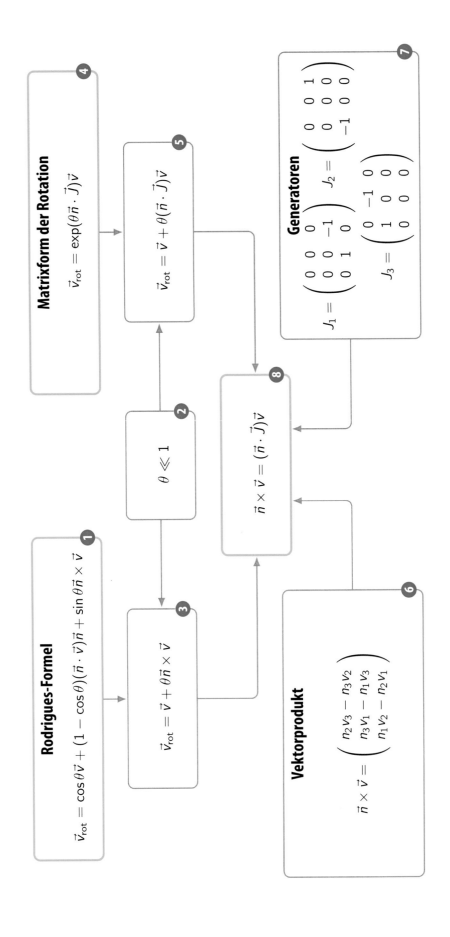

Rodrigues-Formel

$$\vec{v}_{\text{rot}} = \cos\theta\,\vec{v} + (1 - \cos\theta)(\vec{n}\cdot\vec{v})\vec{n} + \sin\theta\,\vec{n}\times\vec{v}$$

1

$$\vec{v}_{\text{rot}} = \vec{v} + \theta\,\vec{n}\times\vec{v}$$

3

Matrixform der Rotation

$$\vec{v}_{\text{rot}} = \exp(\theta\,\vec{n}\cdot\vec{J})\vec{v}$$

4

$$\vec{v}_{\text{rot}} = \vec{v} + \theta(\vec{n}\cdot\vec{J})\vec{v}$$

5

$$\theta \ll 1$$

2

$$\vec{n}\times\vec{v} = (\vec{n}\cdot\vec{J})\vec{v}$$

8

Vektorprodukt

$$\vec{n}\times\vec{v} = \begin{pmatrix} n_2 v_3 - n_3 v_2 \\ n_3 v_1 - n_1 v_3 \\ n_1 v_2 - n_2 v_1 \end{pmatrix}$$

6

Generatoren

$$J_1 = \begin{pmatrix} 0 & 0 & 0 \\ 0 & 0 & -1 \\ 0 & 1 & 0 \end{pmatrix} \qquad J_2 = \begin{pmatrix} 0 & 0 & 1 \\ 0 & 0 & 0 \\ -1 & 0 & 0 \end{pmatrix}$$

$$J_3 = \begin{pmatrix} 0 & -1 & 0 \\ 1 & 0 & 0 \\ 0 & 0 & 0 \end{pmatrix}$$

7

Wir zeigen auf dieser Seite, dass die Matrixform (Seite 167) und die Vektorform (Rodrigues-Formel, Seite 169) der Drehung eines Vektors dasselbe Ergebnis liefern.

1 2 3 Die Rodrigues-Formel vereinfacht sich für kleine Winkel, weil hier $\sin(\theta) \approx \theta$ und $\cos(\theta) \approx 1$ gilt. ✏

4 5 Die Matrixform vereinfacht sich ebenfalls für kleine Winkel, weil hier $\exp(\theta) \approx 1 + \theta$ gilt. ✏

6 7 8 Wir sehen die Äquivalenz der beiden Ergebnisse, indem wir die Definition des Vektorprodukts und der Generatoren der Drehung wiederholen. Damit ist auch die Äquivalenz der Ergebnisse für Winkel bewiesen, für die nicht $\theta \ll 1$ gilt, weil eine solche Drehung durch viele kleine nacheinander ausgeführte Drehungen realisiert werden kann.

Hinweis:

Eine Drehung um einen infinitesimalen Winkel $d\theta$ führt auf eine infinitesimale Änderung $d\vec{v}$ des Vektors $\vec{v}$:

$$d\vec{v} = \vec{v}_{\text{rot}} - \vec{v} = d\theta\,\vec{n} \times \vec{v}$$

Mit der Definition des Winkelgeschwindigkeitsvektors

$$\vec{\omega} = \vec{n}\,\frac{d\theta}{dt}$$

ergibt sich daraus der wichtige Zusammenhang zwischen dem Vektor $\vec{v}$ und seiner zeitlichen Änderung $d\vec{v}/dt$ durch eine Drehung mit der Winkelgeschwindigkeit $\vec{\omega}$:

$$\frac{d\vec{v}}{dt} = \vec{\omega} \times \vec{v}$$

Eine sehr ähnliche Betrachtung liefert die zeitliche Änderung $d\vec{v}/dt$ ausgedrückt durch die Generatoren J_i:

$$\frac{d\vec{v}}{dt} = (\vec{\omega} \cdot \vec{J})\vec{v}$$

Skalar, Vektor, Tensor

Eigenschaft der Drehmatrix ❶

$$D^T D = I$$

Drehung eines Skalars ❷

$$a' = a$$

Drehung eines Vektors ❸

$$\vec{b}' = D\vec{b}$$

$$b'_k = \sum_{i=1}^{3} D_{ki} b_i$$

Drehung eines Tensors ❹

$$C' = DCD^T$$

$$C'_{kl} = \sum_{n,m=1}^{3} D_{kn} C_{nm} D^T_{ml}$$

Skalarprodukt ❺

$$\vec{a} \cdot \vec{b} = \sum_{i=1}^{3} a_i b_i$$

Drehung des Skalarprodukts ❻

$$(D\vec{a}) \cdot (D\vec{b}) = \vec{a} \cdot \vec{b}$$

Vektorprodukt ❼

$$(\vec{a} \times \vec{b})_k = \sum_{i,j=1}^{3} \varepsilon_{ijk} a_i b_j$$

Drehung des Vektorprodukts ❽

$$(D\vec{a}) \times (D\vec{b}) = D(\vec{a} \times \vec{b})$$

Tensorprodukt ❾

$$(\vec{a} \otimes \vec{b})_{kl} = a_k b_l$$

Drehung des Tensorprodukts ❿

$$(D\vec{a}) \otimes (D\vec{b}) = D(\vec{a} \otimes \vec{b})D^T$$

Alle physikalischen Größen haben bezüglich der Drehung ein eindeutiges Verhalten. Je nach diesem Verhalten sprechen wir von Skalaren, Vektoren und Tensoren. Aus diesen Objekten durch Produkte zusammengesetzte Größen haben wieder ein eindeutiges Verhalten unter Rotation.

1 Auf Seite 167 haben wir bereits das Verhalten eines Vektors unter Rotation kennengelernt und sind so auf die definierenden Eigenschaften der Drehmatrix D gestoßen. In Indexschreibweise lautet diese Eigenschaft:

$$\sum_{j=1}^3 D_{ij}^T D_{jk} = \sum_{j=1}^3 D_{ji} D_{jk} = \delta_{ik}$$

2 Ein Skalar a ist ein Objekt, das sich durch eine Drehung nicht ändert. Es ist durch die Angabe einer Zahl beschrieben und hat damit keinen Index.

3 Ein Vektor transformiert wie angegeben unter einer Rotation. Er hat im dreidimensionalen Raum drei Elemente und einen Index.

4 Ein Tensor hat im dreidimensionalen Raum neun Elemente, die durch die Angabe von zwei Indizes gegeben sind.

5 6 Mit der definierenden Eigenschaft der Drehmatrix beweisen wir, dass das Ergebnis des Skalarprodukts invariant unter einer Drehung und damit ein Skalar ist:

$$\vec{a}' \cdot \vec{b}' = \sum_{j=1}^3 a'_j b'_j = \sum_{j,n,m=1}^3 D_{jn} a_n D_{jm} b_m$$
$$= \sum_{m,n=1}^3 \delta_{nm} a_n b_m = \sum_{m=1}^3 a_m b_m = \vec{a} \cdot \vec{b}$$

7 8 Sehr ähnlich zeigen wir, dass das Ergebnis des Vektorprodukts wie ein Vektor unter einer Drehung transformiert:

$$(\vec{a}' \times \vec{b}')_k = \sum_{i,j=1}^3 \varepsilon_{ijk} a'_i b'_j = \sum_{i,j,n,m=1}^3 \varepsilon_{ijk} D_{in} a_n D_{jm} b_m$$
$$= \sum_{n,m,k=1}^3 D_{kl} \varepsilon_{nml} a_n b_m = (D(\vec{a} \times \vec{b}))_k$$

Hier haben wir genutzt, dass das Levi-Civita-Symbol ebenfalls ein spezifisches Verhalten unter einer Rotation hat. Das Levi-Civita-Symbol ist ein Tensor dritter Stufe:

$$\sum_{i,j,h=1}^3 D_{in} D_{jm} D_{hl} \varepsilon_{ijh} = \varepsilon_{nml}$$

$$\sum_{i,j,h,l=1}^3 D_{in} D_{jm} D_{kl} D_{hl} \varepsilon_{ijh} = \sum_{k=1}^3 D_{kl} \varepsilon_{nml}$$

$$\sum_{i,j,h=1}^3 D_{in} D_{jm} \delta_{hk} \varepsilon_{ijh} = \sum_{l=1}^3 D_{kl} \varepsilon_{nml}$$

$$\sum_{i,j=1}^3 D_{in} D_{jm} \varepsilon_{ijk} = \sum_{l=1}^3 D_{kl} \varepsilon_{nml}$$

9 10 Abschließend leiten wir noch das Transformationsverhalten eines Tensorprodukts her:

$$(\vec{a}' \otimes \vec{b}')_{kl} = a'_k b'_l = \sum_{n,m=1}^3 D_{kn} a_n D_{lm} b_m$$
$$= \sum_{n,m=1}^3 D_{kn} a_n b_m D_{ml}^T = (D(\vec{a} \otimes \vec{b}) D^T)_{kl}$$

Wie erwartet, ist das Ergebnis des Tensorprodukts ein Tensor.

Rotation, Gradient, Divergenz

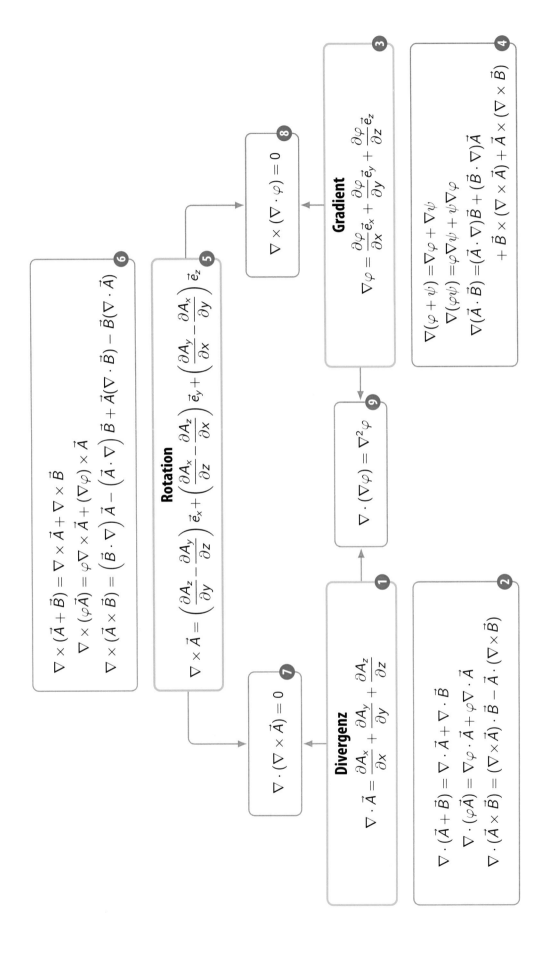

6

$$\nabla \times (\vec{A} + \vec{B}) = \nabla \times \vec{A} + \nabla \times \vec{B}$$
$$\nabla \times (\varphi \vec{A}) = \varphi \nabla \times \vec{A} + (\nabla \varphi) \times \vec{A}$$
$$\nabla \times (\vec{A} \times \vec{B}) = (\vec{B} \cdot \nabla) \vec{A} - (\vec{A} \cdot \nabla) \vec{B} + \vec{A}(\nabla \cdot \vec{B}) - \vec{B}(\nabla \cdot \vec{A})$$

5

Rotation

$$\nabla \times \vec{A} = \left(\frac{\partial A_z}{\partial y} - \frac{\partial A_y}{\partial z} \right) \vec{e}_x + \left(\frac{\partial A_x}{\partial z} - \frac{\partial A_z}{\partial x} \right) \vec{e}_y + \left(\frac{\partial A_y}{\partial x} - \frac{\partial A_x}{\partial y} \right) \vec{e}_z$$

8

$$\nabla \times (\nabla \cdot \varphi) = 0$$

3

Gradient

$$\nabla \varphi = \frac{\partial \varphi}{\partial x} \vec{e}_x + \frac{\partial \varphi}{\partial y} \vec{e}_y + \frac{\partial \varphi}{\partial z} \vec{e}_z$$

4

$$\nabla (\varphi + \psi) = \nabla \varphi + \nabla \psi$$
$$\nabla (\varphi \psi) = \varphi \nabla \psi + \psi \nabla \varphi$$
$$\nabla (\vec{A} \cdot \vec{B}) = (\vec{A} \cdot \nabla) \vec{B} + (\vec{B} \cdot \nabla) \vec{A} + \vec{B} \times (\nabla \times \vec{A}) + \vec{A} \times (\nabla \times \vec{B})$$

9

$$\nabla \cdot (\nabla \varphi) = \nabla^2 \varphi$$

7

$$\nabla \cdot (\nabla \times \vec{A}) = 0$$

1

Divergenz

$$\nabla \cdot \vec{A} = \frac{\partial A_x}{\partial x} + \frac{\partial A_y}{\partial y} + \frac{\partial A_z}{\partial z}$$

2

$$\nabla \cdot (\vec{A} + \vec{B}) = \nabla \cdot \vec{A} + \nabla \cdot \vec{B}$$
$$\nabla \cdot (\varphi \vec{A}) = \nabla \varphi \cdot \vec{A} + \varphi \nabla \cdot \vec{A}$$
$$\nabla \cdot (\vec{A} \times \vec{B}) = (\nabla \times \vec{A}) \cdot \vec{B} - \vec{A} \cdot (\nabla \times \vec{B})$$

Die drei Differenzialoperatoren Gradient, Divergenz und Rotation der Vektoranalysis spielen eine zentrale Rolle in der theoretischen Physik, insbesondere in der Formulierung der grundlegenden Differenzialgleichungen.

1 Die Divergenz eines Vektorfelds $\vec{A}(\vec{x})$ ist definiert als die Summe der Ableitungen der Vektorkomponenten nach den entsprechenden Komponenten des Ortsvektors x, y und z.

2 Aus dieser Definition lassen sich mithilfe der Grundregeln der Ableitung sehr einfach die beiden ersten Eigenschaften ableiten. Hier sind $\vec{A}(\vec{x})$ und $\vec{B}(\vec{x})$ zwei Vektorfelder sowie $\varphi(\vec{x})$ und $\psi(\vec{x})$ zwei Skalarfelder. Die dritte Eigenschaft ist etwas aufwendiger. Sie lässt sich mit etwas Mühe durch komponentenweises Aufschreiben beweisen.

3 Der Gradient eines Skalarfelds $\varphi(\vec{x})$ ist definiert als die Summe der Produkte der Ableitungen des Skalarfelds nach den Komponenten des Ortsvektors und des dazugehörigen Einheitsvektors.

4 Auch hier ergeben sich die angegebenen Eigenschaften mehr oder weniger direkt aus der Definition und den Grundregeln der Ableitung. Der folgende Ausdruck wird als Richtungsableitung von $\vec{A}$ bezüglich $\vec{B}$ bezeichnet:

$$(\vec{B} \cdot \nabla)\vec{A} = \begin{pmatrix} B_x\frac{\partial A_x}{\partial x} + B_y\frac{\partial A_x}{\partial y} + B_z\frac{\partial A_x}{\partial z} \\ B_x\frac{\partial A_y}{\partial x} + B_y\frac{\partial A_y}{\partial y} + B_z\frac{\partial A_y}{\partial z} \\ B_x\frac{\partial A_z}{\partial x} + B_y\frac{\partial A_z}{\partial y} + B_z\frac{\partial A_z}{\partial z} \end{pmatrix}$$

5 6 Die Rotation ist wie angegeben definiert. Auch hier lassen sich Regeln ableiten, wie die Rotation auf Produkte bzw. Summen von Feldern wirkt.

7 Die Divergenz der Rotation eines Vektorfelds verschwindet, wie wir leicht überprüfen.

8 Ähnlich beweist man, dass die Rotation des Gradienten eine Skalarfelds verschwindet.

9 Die Divergenz des Gradienten eines Skalarfelds verschwindet im Allgemeinen nicht. Im Gegenteil, das Ergebnis ist der wichtige Laplace-Operator, der wie folgt definiert ist:

$$\nabla^2\varphi = \frac{\partial^2\varphi}{\partial x^2} + \frac{\partial^2\varphi}{\partial y^2} + \frac{\partial^2\varphi}{\partial z^2}$$

175

Glossar

- **Bahnkurve** – Die Bahnkurve eines Teilchens ist seine Position als Funktion der Zeit. (S. 5)

- **Beschleunigung** – Die Beschleunigung eines Teilchens ist die zweite Ableitung der Position nach der Zeit. (S. 5)

- **Bezugssystem** – Ein Bezugssystem erlaubt es, ein Ereignis eindeutig durch die Angaben von Raum-Zeit-Koordinaten zu beschreiben. (S. 3)

- **Boost** – Ein Boost ist eine Transformation zwischen zwei Bezugssystemen, bei der die Koordinatenachsen parallel bleiben und sich die Bezugssysteme mit einer konstanten Geschwindigkeit relativ zueinander bewegen. (S. 9)

- **Erhaltungssatz** – Eine Gleichung, die ausdrückt, dass der Wert einer physikalische Größe, der Erhaltungsgröße, zeitlich unverändert bleibt. (S. 19)

- **Erzeugende Funktion** – Die Transformationsgleichungen einer kanonischen Transformation können auf eine einzelne erzeugende Funktion zurückgeführt werden. (S. 109)

- **Freiheitsgrad** – Ein Freiheitsgrad ist eine Bewegungsmöglichkeit eines Systems. Die Anzahl der Freiheitsgrade eines Systems ist also die Zahl der notwendigen Parameter, um seinen Zustand vollständig zu beschreiben. (S. 39)

- **Galilei-Transformation** – Eine Galilei-Transformation ist eine Koordinatentransformation zwischen zwei Inertialsystemen. (S. 9)

- **Generator** – Ein Generator ist die erzeugende Funktion einer infinitesimalen Transformation. (S. 115)

- **Geschwindigkeit** – Die Beschleunigung eines Teilchens ist die erste Ableitung der Position nach der Zeit. (S. 5)

- **Impuls** – Der Impuls eines Teilchens ist das Produkt aus Geschwindigkeit und Masse. (S. 19)

- **Inertialsystem** – Ein spezielles Bezugssystem, in dem sich ein Teilchen, auf das keine Kraft wirkt, gleichförmig und geradlinig bewegt. (S. 7)

© Springer-Verlag GmbH Deutschland, ein Teil von Springer Nature 2021
M. Wick, *Klassische Mechanik mit Concept-Maps*,
https://doi.org/10.1007/978-3-662-62544-6

- **Teilchen** – Ein Teilchen (oder Massenpunkt) ist der einfachste denkbare Körper. Ein Teilchen hat keine räumliche Ausdehnung und ist in der Mechanik vollständig durch die Angabe seines Positionsvektors und seiner Masse bestimmt. (S. 5)

- **Träge Masse** – Die träge Masse ist ein Maß für den Widerstand eines Körpers gegenüber einer Änderung seiner Geschwindigkeit unter der Wirkung einer gegebenen Kraft. (S. 7)

- **Translation** – Die Translation ist eine Bewegung eines Körpers, bei dem alle Teilchen um denselben Vektor verschoben werden. (S. 41)

- **Verallgemeinerte Koordinaten** – Die verallgemeinerten Koordinaten sind ein minimaler Satz von unabhängigen Koordinaten mit dem der Zustand eines Systems eindeutig beschrieben werden kann. Die Anzahl der verallgemeinerten Koordinaten entspricht der Anzahl der Freiheitsgrade des Systems. (S. 79)

- **Wirkung** – Die Wirkung eines Systems ist Ausgangspunkt der Ableitung der Bewegungsgleichungen mit dem Hamilton-Prinzip. (S. 95)

- **Zwangskraft** – Eine Kraft, die bewirkt, dass die Teilchen, die durch die Zwangsbedingungen vorgegebenen Koordinatenbereiche nicht verlassen können. (S. 71)

- **Kraft** – Eine Kraft ist eine Wechselwirkung, die einen Körper beschleunigt. (S. 7)

- **Kanonische Transformation** – Eine kanonische Transformation der verallgemeinerten Koordinaten und Impulse lässt die Form der Hamilton-Gleichungen und Poisson-Klammern invariant. (S. 109)

- **Kinetische Energie** – Die kinetische Energie ist die Energie, die ein Körper aufgrund seiner Bewegung besitzt. (S. 5)

- **Koordinatentransformation** – Eine Koordinatentransformation der verallgemeinerten Koordinaten und Impulse lässt die Form der Lagrange-Gleichungen invariant. (S. 83)

- **Lagrange-Funktion** – Die Lagrange-Funktion eines Systems ist Ausgangspunkt der Ableitung der Bewegungsgleichungen im Lagrange-Formalismus. (S. 79)

- **Poisson-Klammer** – Die Poisson-Klammer ist eine Operation auf zwei Funktionen, die an verschiedenen Stellen im Hamilton-Formalismus auftritt. (S. 103)

- **Rotation** – Die Rotation ist eine Bewegung eines Körpers, bei dem alle Teilchen um denselben Winkel und um dieselbe Rotationsachse gedreht werden. (S. 43)

- **Schwere Masse** – Die schwere Masse ist ein Maß für die Kraft, die ein Körper in einem gegebenen Gravitationsfeld erfährt. (S. 7)

- **Starrer Körper** – Zwei beliebige Punkte eines starren Körpers haben unabhängig von äußeren Kräften immer den gleichen Abstand zueinander. (S. 39)

Index

© Springer-Verlag GmbH Deutschland, ein Teil von Springer Nature 2021
M. Wick, *Klassische Mechanik mit Concept-Maps*,
https://doi.org/10.1007/978-3-662-62544-6

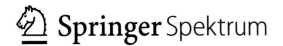

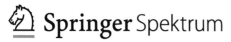

Printed in the United States
by Baker & Taylor Publisher Services